本书列入中国科学技术信息研究所学术著作出版计划

论文专利互引下的科学和技术之间的联系研究

高继平 ◎ 著

·北京·

图书在版编目（CIP）数据

论文专利互引下的科学和技术之间的联系研究 / 高继平著. —北京：科学技术文献出版社，2023.8
　ISBN 978-7-5235-0416-1

　Ⅰ.①论… Ⅱ.①高… Ⅲ.①科学技术—论文—写作—研究—中国 ②科学技术—专利—研究—中国 Ⅳ.① G301 ② G306.72

　中国国家版本馆 CIP 数据核字（2023）第 125883 号

论文专利互引下的科学和技术之间的联系研究

策划编辑：张　丹　责任编辑：李晓晨　侯依林　责任校对：张永霞　责任出版：张志平

出　版　者	科学技术文献出版社
地　　　址	北京市复兴路15号　邮编　100038
编　务　部	（010）58882938，58882087（传真）
发　行　部	（010）58882868，58882870（传真）
邮　购　部	（010）58882873
官 方 网 址	www.stdp.com.cn
发　行　者	科学技术文献出版社发行　全国各地新华书店经销
印　刷　者	北京地大彩印有限公司
版　　　次	2023 年 8 月第 1 版　2023 年 8 月第 1 次印刷
开　　　本	710×1000　1/16
字　　　数	237千
印　　　张	14.75
书　　　号	ISBN 978-7-5235-0416-1
定　　　价	98.00元

版权所有　违法必究

购买本社图书，凡字迹不清、缺页、倒页、脱页者，本社发行部负责调换

前言 FOREWORD

围绕科技创新，习近平总书记有过多次重要的论述和指示，强调："科技是国之利器，国家赖之以强，企业赖之以赢，人民生活赖之以好。中国要强，中国人民生活要好，必须有强大科技。新时期、新形势、新任务，要求我们在科技创新方面有新理念、新设计、新战略。"（2016年5月30日，习近平在全国科技创新大会、两院院士大会、中国科协第九次全国代表大会上的讲话）"破除一切制约科技创新的思想障碍和制度藩篱，坚持科技创新和制度创新'双轮驱动'，优化和强化技术创新体系顶层设计。"（2021年3月16日，习近平在《求是》杂志发文《努力成为世界主要科学中心和创新高地》）"创新链产业链融合，关键是要确立企业创新主体地位。现代工程和技术科学是科学原理和产业发展、工程研制之间不可缺少的桥梁，在现代科学技术体系中发挥着关键作用。要大力加强多学科融合的现代工程和技术科学研究，带动基础科学和工程技术发展，形成完整的现代科学技术体系。"（2021年5月28日，习近平在中国科学院第二十次院士大会、中国工程院第十五次院士大会和中国科学技术协会第十次全国代表大会发表重要讲话）

"创新链产业链融合""围绕产业链部署创新链、围绕创新链布局产业链"，亟须厘清创新链下基础科学和技术科学二者间的关系和关联，继而以此为依据，结合我国的"新时期、新形势、新任务"特征，分析和研究我国科技创新的"新理念、新设计、新战略"，进而指导科技创新和制度创新"双轮驱动"，优化和强化技术创新体系顶层设计。

从管理学视角，尤其是情报学和科学计量学视角而言，基础科学常采用论文予以表征；而专利则用于体现技术科学。那么，要"弄通'卡脖子'技术的基础理论和技术原理"，则需要搞清楚基础科学对技术科学的作用和贡献；而要

论文专利互引下的科学和技术之间的联系研究

理解"技术科学是科学原理和产业发展、工程研制之间不可缺少的桥梁",则有必要厘清技术科学对基础科学的作用和贡献。这样,从情报学视角而言,需要探究论文与专利二者间的互动和关联。

为此,本书从引用的视角,具体包括科学论文引用技术专利的角度、技术专利引用科学论文的角度、科学论文-技术专利混合共被引的角度、多科学论文-多技术专利混合共被引的角度等,尝试回答基础科学和技术科学二者间的互相作用、互相影响,以及多科学-多技术间的协同作用。在研究对象的选择方面,尝试从宏观、中观、微观和纳观4个维度进行解析。具体到科学对技术的影响研究方面,采用国家层面、高技术行业层面、具体企业(华为和苹果)层面和单个企业(华为-苹果)比较层面;具体到技术对科学的影响研究方面,采用国家层面、中国(以中国科技论文表征)层面、学科层面和单篇技术专利层面。在研究方法方面,围绕引用、共被引、混合共被引等,应用了文献计量学、社会网络分析、统计分析、聚类分析、关联规则挖掘、复杂网络分析、知识图谱分析、自然语言处理、文本挖掘等方法。

通过研究,有以下几方面的发现:

第一,美国的基础科学对其技术进步贡献趋于稳定,其贡献率约为16%;而中国近10年来基础科学对技术进步的贡献在持续增强,2014—2018年的贡献率大于12%,高于日本的贡献率,逼近德国基础科学对技术进步的贡献率。

第二,美国的每项技术成果,平均引用了多达15项基础科学成果。尽管中国的技术成果也大量吸收了前人的基础科学成果,到2020年每项技术平均引用了3项基础科学成果,但是相较于日本和德国的5项左右,依然较低。

第三,基础科学对美国和中国高技术行业的发展都很重要,其中美国高技术行业尤为依靠基础科学的知识供给。在平均非专利文献数量方面,美国的高技术行业具有显著优势,不过华为的进步很明显,也是最为接近美国的中国企业。

第四,基础科学对中国高技术行业发展的贡献至关重要。在平均科学关联度方面,中国高技术行业的表现尤为突出,其中华为的值甚至超过美国高技术行业的均值。

第五，主要是源自美国的基础科学成果影响着苹果公司和华为公司的技术发展。华为和苹果的基础科学供给都主要是来自于美国作者的发文，大概都占到总量的50%左右，不过华为公司自己的科学成果，也逐渐成为其重要的基础科学来源。

第六，源自美国专利局的技术专利对科学进步的影响更大，其中对科学领域影响较大的主要是生物、材料、化学等技术领域。

第七，在科学的进步中，中国的技术影响力约为0.33%，其中，化工学科的技术影响力最高，为3.97%。

目录 CONTENTS

第一章 引言 1
  第一节 科学与技术间的关联分析 2
  第二节 科学与技术之间的互动模式 5
  第三节 定量分析视角下科学-技术关联分析 10
  第四节 基于共知识创造者的科学-技术关联分析 10
  第五节 基于内容特征的科学-技术关联分析 12
  第六节 本章小结 14

第二章 国内外研究现状及述评 16
  第一节 专利引用论文单向知识关联下的科学对技术的影响分析 ... 16
  第二节 论文引用专利单向知识关联下的科学对技术的影响分析 ... 18
  第三节 论文-专利混合共被引角度的科学与技术互动分析 19
  第四节 本章小结 20

第三章 研究内容、研究目标和分析指标 21
  第一节 研究内容 21
  第二节 研究目标 26
  第三节 分析指标 27

第四章 专利引用论文视角下的科学对技术的影响 35
  第一节 宏观视角——国家层面 36
  第二节 中观视角——高技术行业层面 39

第三节　微观具体企业视角——华为和苹果 45
　　第四节　纳观单个企业比较视角 50

第五章　论文引用专利视角下的技术对科学的影响 125
　　第一节　宏观视角——国家层面 125
　　第二节　中观视角——中国层面（以中国科技论文表征）........ 142
　　第三节　微观视角——学科层面 179
　　第四节　纳观视角——单篇技术专利层面 189

第六章　参考文献中的中国专利引文不规范分析及解决建议 198
　　第一节　中国专利引文的引用不规范分类 199
　　第二节　各类专利引文不规范责任分析 205
　　第三节　中国专利引文的引用格式建议 206

第七章　总结、展望与建议 208
　　第一节　总　结 208
　　第二节　展　望 214
　　第三节　建　议 215

参考文献 217

第一章

引 言

2021年5月28日，习近平总书记在中国科学院第二十次院士大会、中国工程院第十五次院士大会、中国科协第十次全国代表大会上强调："当前，新一轮科技革命和产业变革突飞猛进，科学研究范式正在发生深刻变革，学科交叉融合不断发展，科学技术和经济社会发展加速渗透融合……基础研究更要应用牵引、突破瓶颈，从经济社会发展和国家安全面临的实际问题中凝练科学问题，弄通'卡脖子'技术的基础理论和技术原理……现代工程和技术科学是科学原理和产业发展、工程研制之间不可缺少的桥梁，在现代科学技术体系中发挥着关键作用。要大力加强多学科融合的现代工程和技术科学研究，带动基础科学和工程技术发展，形成完整的现代科学技术体系。"

从管理学视角，尤其是情报学和科学计量学视角而言，基础科学常采用论文予以表征；而专利则用于体现技术科学。那么，要"弄通'卡脖子'技术的基础理论和技术原理"，则需要搞清楚基础科学对技术科学的作用和贡献；而要理解"技术科学是科学原理和产业发展、工程研制之间不可缺少的桥梁"，则有必要厘清技术科学对基础科学的作用和贡献。这样，从情报学视角而言，需要探究论文与专利二者间的互动和关联。另外，基础科学和技术科学方面都已经有了对应的表征和分析，那么工程技术方面呢？这一点，在本项目后期执行中，项目负责人也尝试进行了探索。

早在20世纪60年代，Price在研究了基础科学与技术科学之间的关系后指出，基础科学具有可积累性和结构紧密性，新的科学知识来自于过去的知识，并可以从文献中显示出来；技术科学也具有此特性，但体现在专利上；科学与技术有独特的知识积累结构，且知识可从科学流向技术，也可从技术流向科学[1]。法国年鉴历史学派的费布弗尔则认为,"技术:未编进历史的众多词汇之一"[2];法国哲学家斯蒂格勒认为,"哲学自古至今把技术遗弃在思维对象之外。技术即是无思"[3]。2017年,科学计量学家Raan在《专利引用中的睡美人论文:也可能是创新思想的源泉吗?》一文中,通过大量的论文–专利互引分析发现:睡美人论文被专利引用的次数要比"普通"论文被专利引用的次数更多,且多是创新的应用型研究[4]。也就是说,在新一轮科技革命和产业变革中,基础科学和技术科学正在加速渗透融合,并不断交叉融合、渗透融入经济社会的发展中,而且,基础科学、技术科学、工程技术三者间的互动也在深入交融。

第一节 科学与技术间的关联分析

一、科学与技术的概念辨析

"科学"一词源于拉丁语scio(知,知识),后逐步演化为scientia(知识),进而演变为science,意为知识、学问[5]。在中国古代,有"格物致知"的说法,意为穷究事物的原理而获得知识。16世纪西学东渐时,"science"一词传到中国并被中国学者对应为"格物致知",与今天科学的含义也很相近[6]。随着科学在形式和内容上的不断发展,人们对科学一词的认识也在不断完善。一种观点认为,科学的本质在于探索真理;也有学者指出,科学本身不是知识,而是产生知识的社会活动,是一个动态的过程;还有学者认为前两种定义都是片面的,认为科学既包括科学知识的加工过程,也包括实践检验其客观真理性的知识的整个体系[7]。科学作为人类认识与改造世界的基本活动,是形成和产生科学知识、运用科学知识的实践活动,科学知识体系是科学获得最终成果,可以物化为生产力并进而提高人类改造自然、控制自然、驾驭自然的能力。也就是说,科学不仅仅是人类认识和改造自然界形成的知识体系,也是一个动态的知识生产过程。

技术一词始于古希腊语τεχνη,指的是艺术、技能和本领[8],原意是熟练。熟能生巧,巧就是技术。1615年,英国的巴克爵士将源于拉丁语的"techne"

（技艺、手艺）及"logos"（文字、词语）组合创造了"technology"一词，指个人的手艺、技巧。发展至近代，技术的概念又发生了变化。尤其是17世纪以来，在第一、第二次工业技术革命推动下，机器化大生产取代了传统手工劳动，技能、技巧的作用开始被削弱，机器、工具的作用显著增强，人们开始把技术物质手段看作技术的主要标志。18世纪末，法国科学家狄德罗在其主编的《百科全书》中定义："技术是为某一目的共同协作组成的各种工具和规则体系。"这一定义传递出一个重要信息：技术包含物质与非物质两部分，看得见的手段、工具是物质体现；看不见的工艺、方法、经验规则等知识是非物质体现。这一早期定义，至今仍有指导意义。

综上所述，科学是人类对客观世界及其事物的现象、本质、特征与运动规律不断认识的过程。在此基础上逐步形成的知识体系，核心在于回答"是什么"；而技术则是知识在实践中的应用，体现的是"怎么做"。因此，科学的目的是认识自然、社会及思维的规律，成果形式是理论、规律、方法等，具体表现是科学论文；技术的目的是总结实践经验，并应用到生产、生活及其他实践，成果形式是工具、手段及工艺、方法、经验规则，具体表现是技术专利。

二、科学与技术间的关系

Benne和Birnbaum认为，科学家的目的是创造经过检验的知识，工程师或技术专家的目标是将知识转化为人类需要的技术和产品。科学家在知识领域内工作，工程师和技术人员在实践领域内工作[9]。科学是借由自然现象形成的有组织的知识（如爱因斯坦的相对论是对科学的重大贡献），或者产生这种知识的思维过程；技术是指具体的人工制品（如激光打印是一项很好的技术）或生产工艺（如利用废料发电的技术）[10]。

科学与技术是两个不同的概念，但二者又非孤立的，既有区别又有联系，如表1-1所示。科学与技术的目的不同：科学的目的在于认识和揭示客观世界的本质和发展规律，侧重回答自然现象"是什么"、"为什么"和"能不能"等问题；而技术的目的在于对客观世界的控制、利用和改造，侧重回答实践中"做什么"、"怎么做"及"有何用"等问题。科学与技术的价值体现不同：科学为

论文专利互引下的科学和技术之间的联系研究

技术上的创新提供理论指导,某些科学理论上的重大创新甚至可以造成技术上的重大突破,但科学一般不能迅速地直接地产生社会经济效益;技术则不同,通常以追求经济和社会效益为主。科学与技术的成果表现形式不同:科学活动的成果主要表现为知识形态,如报告、论文、著作等;技术的成果则表现为知识形态(如专利、技术方案)与物质形态(如产品、装置)、新工艺、新方法、软件等。

表1-1 科学与技术间的区别与联系

		科学	技术
区别	构成要素	自然界及其事物发展的概念、范畴、定律、原理及假说	工程经验、理论及技能、工具、机械装置等
	目的	解决"是什么"、"为什么"与"能不能"的问题	解决"做什么"、"怎么做"及"有何用"的问题
	研究过程	有较大的不确定性	目标明确,设计与开发新产品、新工艺、新工艺
	价值体现	不能迅速地直接地产生社会经济效益,但科学理论上的重大创新可以造成技术上的重大突破	有现实的经济价值和科学原理是否正确的评价;是否适用和能带来何种经济效益为标准
	成果表现形式	知识形态(论文、著作、报告)	知识形态(如专利、设计方案)与实体形态(如产品、装置)、新工艺、新方法等
联系		科学与技术共同源起于人类生产实践活动,二者相互依存、互为促进、相互转化。科学是技术的理论基础,技术是科学发展的手段;科学提供可能,技术让可能变为现实;技术革新促进科学发展,科学成就推动技术进步。	

科学与技术是辩证的统一整体,尽管科学和技术在定义上存在根本性差异,但二者都是人与自然的关系的反映,是在人类认识和改造自然这个共同基础上建立起来的科学和技术的联系与统一。Rae认为,科学和技术之间既有联系又有区别[11]。

科学和技术相互依存、互为促进,又相互转化。Stover很早就认识到,工业革命以来,技术人员越来越多地转向科学研究模式来开发和改进他们的产品,要准确地对某一特定的研发项目进行科学与技术分类确实很困难[12]。在"小"

科学转变为"大"科学以后,科学与技术明显地表现出科学离不开技术,技术同样也离不开科学。一方面,现代技术往往在更大程度上取决于自然科学发展和应用的水平,即"技术科学化",现代技术发展同样也离不开现代科学的理论指导,技术上的重大突破离不开科学理论的支撑;另一方面,自然科学对技术的依赖性也越来越大,所谓"科学技术化"反映了技术对科学发展的重要作用。技术发展为科学研究提供了新的课题,同时也为科学研究提供了必要探索手段。科学研究工作日益依赖各种复杂的实验设施与技术装备,导致科学研究越来越具有工程技术的特点。

第二节 科学与技术之间的互动模式

关于基础研究与应用研究之间的关系论述,目前较有代表性的主要包括布什线性模型、巴斯德象限模型及新巴斯德象限模型,具体内容如表1-2所示。

布什线性模型由Vannevar Bush提出,在其1945年出版的《科学:永无止境的前沿》中,Bush指出,科学研究包括基础研究和应用研究两个部分,其中,由认识自然和理解自然的好奇心驱动引发的为基础研究,即传统意义上的纯基础研究;以应用知识于实际为目的的研究为应用研究。二者在研究目的上具有矛盾性[13]。

表1-2 基础研究与应用研究理论模型

理论模型	布什模型	巴斯德象限	新巴斯德象限
代表人物	Vannevar Bush,1945	Donald Stokes,1997	刘则渊等,2007
理论背景	量子力学和相对论为代表的理论物理学革命,使原子物理和核物理研究获得重大突破,为核反应堆和原子弹的成功研制提供了强大的理论支撑	法国科学家巴斯德(Louis Pasteur)针对从牛奶中去除有害细菌的应用技术,发明巴斯德消毒法,开创了微生物生理学的先河	各种新型研发机构兴起,在理念定位、主体架构、机制路径等方面超越了巴斯德象限的界定范围与认知

续表

理论模型	布什模型	巴斯德象限	新巴斯德象限
理论模型	线性（直线坐标系）	非线性（二维坐标系）	非线性（二维坐标系）
理论内容	科学研究领域包括基础研究与应用研究，二者在研究目标上具有内在矛盾性直线坐标系中，基础研究为后续一切研究的起点	基础研究与应用研究在某种程度上可以交错融合，并非矛盾对立关系以研发目的为坐标，按研发活动追求的知识属性和应用属性为二维坐标系建立研发目的象限模型；传统的基础研究、应用研究分别定义为波尔象限和爱迪生象限；研发活动中应用引发的基础研究属于巴斯德象限	基础研究与应用研究并存于巴斯德象限，该象限不仅存在源于应用引起的基础研究，同样存在直接源于理论背景、又有明确应用目的的应用研究以研发形态为坐标，按科学研究和技术开发属性为二维坐标系建立科学技术象限模型；波尔象限为基础科学，爱迪生象限是工程技术（从知识形态看，即工程科学）；原巴斯德象限充实新内涵而成为新巴斯德象限，即技术科学象限
核心观点	基础研究是一切研究的起点，后续研究总是依赖于前面的研究	科学与技术间存在动态关联，相互促进，且可并存于同一研发活动中，即巴斯德象限	应用导向的基础研究与基础理论背景的应用研究密切结合；基于科学的技术和关于技术的科学同时并存，科学的技术化和技术的科学化同步发展
存在问题	不能解释科技领域新出现的许多重大技术突破和新型产业，这些研发并不直接源于基础研究	科学技术一体化进程的加快及高新技术的快速崛起，很难分清某项研发活动是以理论认识为目的，还是以应用为目的	

如图 1-1 所示，布尔线性模型呈现单向流动，在直线坐标系中，研发活动按照"基础研究→应用研究→开发研究→生产经营"活动路径展开。在研发活动中，基础研究确立应用研究的方向；应用研究以创造和研制新产品、新品种、新技术、新方法、新流程、新规范为目标；开发研究则借助于基础研究和应用研究的成果，将理论形态的成果扩展到工厂试验、定型设计并实现小批量试产；生产经营是最终将各种形式的研发和技术成果转化为新商品的过程。

第一章 引言

线性模型中,科技研发活动的起点为基础研究,后续活动的发生与发展均依赖于前面的研究,基础研究是整个科技进步的先驱。

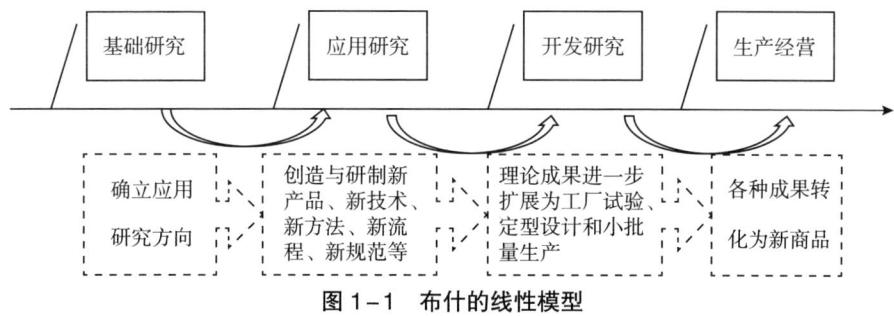

图1-1 布什的线性模型

布什模型单方面强调了技术进步对科学的依赖性,认为科学与技术是单向发展的。20世纪90年代,研究人员发现,许多重大技术突破与新型产业的出现并非源自基础研究,大量的基础研究可以是好奇心和用途同时驱动,布什线性模型的合理性开始受到越来越多的质疑。1997年,Donald Stokes出版《巴斯德象限——基础科学与技术创新》一书,提出一个新的科研活动模型,即著名的巴斯德象限模型[14]。

Stokes采用平面直角坐标系建立了新的科研活动二维模型,即巴斯德象限模型。如图1-2所示,4个象限中:第一象限为玻尔象限,代表好奇心驱动型的纯基础研究;第四象限为爱迪生象限,代表以实践为目的的应用研究;第二象限是代表由解决应用问题产生的基础研究,这一新的类型被称之为巴斯德象限。在巴斯德象限模型中,纯基础研究、纯应用研究与开发活动各自沿着自己的路径发展,而带有应用目的的基础研究则是连接上述两个路径的中间桥梁,基础研究与应用研究不再是相互隔绝的,存在复杂的交错融合(见图1-3)。该理论强调,科学的发展来源于基础研究的积累和突破,技术的发展来源于应用研究水平和开发研究水平的提升。在巴斯德象限中,科学与技术的联系是双向的,同时表现为科学的技术化与技术的科学化,科学与技术相互依赖,相互促进。

图1-2 D.Stokes 的巴斯德象限模型

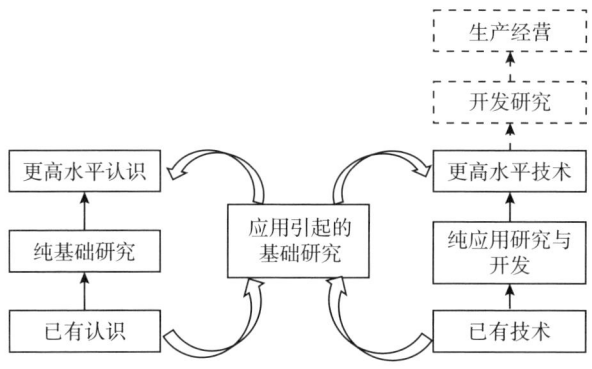

图1-3 巴斯德象限模型中的科学与技术活动

巴斯德象限模型很好地解决了布什线性模型简单地将科学研究二分为基础研究与应用研究的问题,为科学与技术、基础研究与应用研究关系演变提出了新的见解。然而,该模型也存在一定局限性,巴斯德象限仅被限定为以应用为研究目的的基础研究。实际上,巴斯德象限属于基础研究与应用研究并存的象限,不仅存在源于应用引起的基础研究,还存在直接源于理论背景、又有明确应用目的的应用研究。

21世纪以来,随着科技一体化进程的加快,各种高新技术及其产业蓬勃兴起,人们很难分清某项研发活动是以应用为目的还是以理论认识为目的。为此,大连理工大学刘则渊等学者发展了巴斯德象限理论,建立了新二维巴斯德象限模型[15]。如图1-4所示,该模型包括基础科学(玻尔象限)、工程技术(爱迪生象限,从知识形态被定义为工程科学)、技术科学(原巴斯德象限,因充实了新内涵而成为新巴斯德象限)。新巴斯德象限理论强调应用技术牵引的基础研究不仅与兴趣驱动的基础研究同样重要，而且有可能直接引发颠覆性观念的创新。科学的技术化和技术的科学化同步发展，形成科学和技术之间相互作用、相互结合、相互渗透、相互转化的新型互动关系。

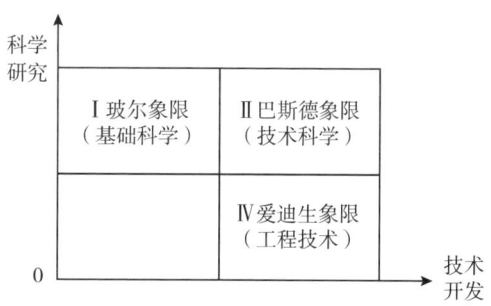

图1-4 基于研发形态的新巴斯德象限模型

科学与技术互动理论是在不断改进中向前发展的。近年来，研究人员从不同维度对巴斯德象限进行了新的改进。陈红喜等从理论模型展开推演，构建符合新时期新型研发机构科技成果转移转化特征的新巴斯德象限[16]。针对巴斯德象限模型中存在难以明确界定的"皮特森象限"，张慧琴等引入时间维度，建立了包含基础度、应用度、时间3个维度的基础研究动态演化模型，很好地呈现了布什线性模型与巴斯德象限模型的合理部分[17]。

一直以来，研究人员就科学与技术二者关系进行了深入的讨论。其中，人们基于理论知识和经验判断对科学与技术关系的总结概括，主要包括对两者相互作用方向和依赖性的探讨，并形成了线性模型与巴斯德象限这两种典型的理论。

随着对基础研究与应用研究关系的不断探索，科学与技术间关系也逐渐变得清晰起来。基于时间维度，Garde提出科学与技术可能存在4种关系：一是科学推动技术发展，科学是技术发展的基础，技术发展源自科学的推动；二是技术推动科学发展，技术出现于科学之前，科学理论发展越来越依赖于工具、仪器和其他技术装置；三是科学技术双向互动发展，具体表现为科学工作者与技术工作者在一个领域中交流科学技术知识，借此打破科学与技术的界限；四是科学与技术各自沿着独立路径发展，两者有不同的目标、方法和成果[10]。

结合当前科技活动，董坤等在 Garde 理念基础上提出科技互动基本模式分别为科学带动技术（Science-Technology，S-T）模式、技术催生科学（Technology-Science，T-S）模式、科技协同创新（Mutual Drive，MD）模式、相对独立（Relative Independence，RI）模式，该模式分类可以根据特征对科学与技术互动表现进行很好的辨识[18]。此后，张玲玲等参考董坤的研究成果，基于 9 种领域基础研究与技术创新协同模式总结出 5 种协同特征[19]；陈瑞真等学者又将前沿科技互动模式分为了 3 类：科学前沿-非技术前沿模式、非科学前沿-技术前沿模式、科学前沿-技术前沿模式，其中，又将科学-技术前沿模式分为了科学带动技术模式、技术拉动科学模式、科学技术协同模式这 3 类[20]。

第三节 定量分析视角下科学-技术关联分析

在科学-技术关联分析方面，一部分研究人员从经济学维度展开定量分析[21]，也有一部分学者从文献计量视角进行研究。

McCalma 指出[22]，非专利文献，尤其是高质量的科学论文是发明专利的重要知识基础和思想源泉，专利则为科学发展提供条件和手段，为人们衡量科学与技术关系的相关研究方法提供了重要的理论基础；文献作为科学与技术知识的主要载体，是知识发现过程的累积形态[23]。毋庸置疑，对于科学技术演化关系的计量分析，文献是最好的途径。

第四节 基于共知识创造者的科学-技术关联分析

共知识创造者分析法，主要是分析论文作者与专利发明人的对应关系以有效发现科学-技术关联，其基本依据是个体知识具有累积性和延续性，即同一个体撰写的论文和专利存在共同的知识基础。该方法主要以具有论文作者和专利发明人双重身份的研究人员为研究对象，在王刚波和官建成的文章[24]中将这类研究对象定义为学术型发明人，源于文献中"Academic Inventor"一词的翻译，国外将之表述为 author-inventor 或者 inventor-author，但是结合相关的研究，我们这里还是定义为"共知识创造者"。

　　双重身份的学者不仅体现了基础研究的产出，也标志着创新技术的产出。德国学者 Meyer 比较了英国、德国、比利时在纳米科学和纳米技术方面的研究人员的论文发表和专利发明活动，通过基于发明人姓氏和姓名首字母的匹配程序来识别学术型发明人，得出了学术型发明人在科学研究和技术发展中发挥重要作用的结论[25]。Bonaccorsi 调查了纳米技术领域发明者的团队情况，发现学术型发明人申请的专利会引用更多的科学论文，更能充分利用两种身份所兼具的专业知识，展现出科学研究与技术发明间的关联[26]。

　　除了去匹配发明人与作者的名字外，还可以使用罕见名称来识别学术型发明人。Boyack 等学者就使用了罕见姓名匹配方法识别出同时发表论文和申请专利的学者，认为对相同发明人与作者的匹配可以基于一个简单的假设，即如果一个名字很少见并且同时出现在发明人数据库和作者数据库中，则两个实例很可能指的是同一个人；研究结果证实了学术型发明人扮演着极为重要的角色，促进了知识的传播[27]。

　　基于共知识创造者的分析就是依托作者作为学术交流主体，以同身份或共合作为关系基础，构建作者-发明者网络，探索科学技术互关联现象。该方法从人为主观能动性出发，研究科学技术互关联共现关系模式，探索共现行为背后科学技术关联的驱使机制和变化特征，包括科研团队的成长轨迹、较近地理空间距离促使合作更易达成、共身份调用领域知识与技术能力的主观能动性和便利性、共同利益驱使不断合作、政策引导科学技术转化等。但是，共知识创造者的名称匹配有一个基本条件：一个海量的数据集，即在科学与技术互动关系中扮演双重角色的研究人员的样本集。然而，学术型发明人的数量在实践中是相对较少的，同时在识别过程中还会碰到国外学者姓名同音异义的问题，难以识别与匹配。此外，该方法也无法在微观内容层面识别科学与技术之间的语义关联。这也是我国自然科学基金委在 2014 年批准了国家自然基金项目"中英文论文中的中国作者姓名消歧研究（编号：71473236）"的重要缘由。

论文专利互引下的科学和技术之间的联系研究

第五节　基于内容特征的科学-技术关联分析

除了从论文与专利的外在特征去研究科学-技术的关联性以外，还可以以论文与专利的内容特征去分析，具体包括主题词分析法、分类映射法和耦合关系分析法。

一、基于主题词的科学-技术关联分析

科学与技术的关联实际上是两个知识体系的关联，通过判断在两个知识体系中知识单元的关联性以揭示科学与技术的关联性。主题词是学术论文和专利中的最基本知识单元，主题词之间的知识关联，能够很好地判断基础科学与技术科学主题关联度，从而衡量科学与技术的互动关系程度。

现有基于主题词的科学-技术关联分析主要有两种思路：第一，以某一（或一系列）主题词（科学概念或技术术语）为"关联点"，分析该主题词在论文和专利中的"共现"情况，进而推理和判断基础科学学科与技术创新领域之间的关联关系。刘自强等学者[28]通过对基因领域专利文献的主题词建立联系，构建了主题词共现网络进行主题识别，总结了4种科技互动模式，揭示了科学与技术的关联程度。第二，分别对科学论文和技术专利做共词聚类，然后对聚类结果进行定性分析，从而挖掘科学与技术之间的知识转移特点和关联关系。Callon等将科学文献划分为两个集合，一个为侧重科学研究的集合，另一个为综合基础科学与技术科学的集合，并对两个文献集合分别做共词聚类，通过聚类簇中相同词的个数来计算相似度，以此揭示科学与技术对应领域的关联程度[29]。

主题词分析技术有助于很好地理解科学和技术研究之间的相互作用，这也是国家自然科学基金委员会在2017年批准"基于科学-技术主题关联分析的创新演化路径识别方法研究（编号：71704170）"的重要原因。

第一章 引言

二、基于分类映射关系的科学-技术关联分析

基于特定类目将论文与专利数据进行映射集成也是科学-技术关联分析的方法之一，将学科主题与领域主题分类匹配，形成学科主题-领域主题或学科类目-领域类目映射关系，以揭示学科或领域层面科学技术之间发展趋势及其方向的相似性。

Verbeek等学者[30]采用了IPC-ISI分类映射，其中IPC是技术专利的一种领域分类标准，而ISI则是一种学术论文的学科分类标准。研究结果表明，引文分布高度倾斜，能够区分与科学产生高度互动的技术领域，以及那些技术开发高度独立于基础科学文献的领域，以此反映技术创新与科学研究之间的知识流动。康宇航[31]通过专利对科学论文的引证映射，将技术领域的IPC分类与其引用的非专利引文中的文献关键词进行匹配，通过非专利引文分析方法从专利文献与非专利文献之间的主体行为"关联-引证"中寻找线索，揭示内在的知识关联，将无形的知识流动过程显性化。

分类映射法偏重于实践应用，但在方法上比较欠妥，主要是研究过程中多使用较大颗粒度的IPC分类号，降低了关联结果的准确性。另外，IPC分类是以功能为分类原则的，与学科的对应很难精确。比如，数学在科学论文中，是一个重要的学科，然而在IPC分类中就没有对应可以匹配的分类。因此，在优化学科划分的同时，还要通过专利聚类细化IPC，才能使分类映射更为精确，展现出精准的科学技术互动过程。因此，基于分类映射关系的研究相对较少，同时也是情报学界的一个难点问题，这也是全国哲学社会科学工作办公室在2016年批准了社科基金项目"国内外主要学科分类体系的集成映射实证研究（编号：16BTQ077）"的原因。

三、基于耦合关系的科学-技术关联分析

1963年，美国凯斯勒博士首次提出了文献耦合（Bibliographic Coupling）的概念，如果A文献与B文献同时引用了C文献，则A和B之间存在耦合关系，A和B之间是存在相近关系的[32]。宁子晨和魏来将这种耦合应用在专利主体-关键词的耦合上，研究从专利主体视角出发，构建专利主体-关键词耦合

网络、技术共现网络及专利技术-文献关键词网络，分析了数据挖掘主题下的技术演化[33]。

武汉大学的巴志超和梁镇涛在 2021 年 *Journal of Informetrics* 中提出了一种知识网络的耦合方法来衡量科学技术联系，知识网络耦合可以确定科学与技术之间的领先与滞后关系，使科学技术关系的测量从传统线性模型转变为网络模型[34]。作者在节能领域进行实验研究，证实了知识网络耦合的方法可以成功揭示科学技术之间的相互作用，揭示了科学发展先于技术进步，见图1-5。

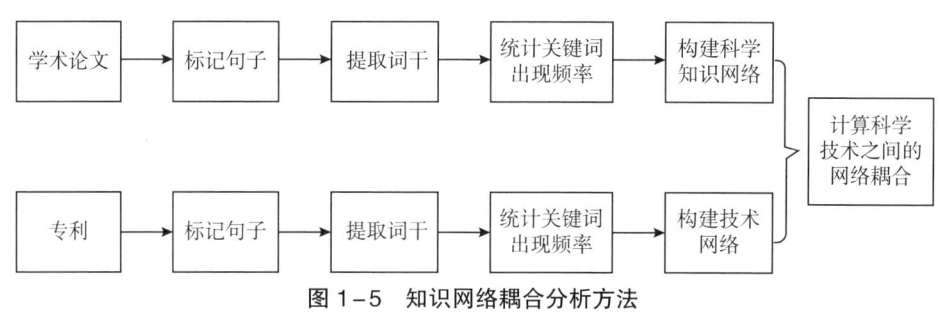

图1-5　知识网络耦合分析方法

第六节　本章小结

衡量科学与技术的关联性研究中，国外的相关研究是起步较早的，数据库的建设也较国内更为准确全面。从哲学层面上探讨科学与技术的辩证关系，到使用定量模型分析科学与技术的互动关系，从单一的线性模型概括科学对技术的作用，到司脱克斯提出了关于研发二维象限模型的巴斯德象限，阐发了应用引起的基础研究的重要性，从单一联系到科学与技术相互作用和相互联系，学术界对于科学与技术的研究一直处于探索中。

科学论文与技术专利被广泛认为是基础科学研究与技术进步的有效代表，Narin 等人开创性地展开了对专利文献中的参考文献研究，促成了关于科学与技术如何相互关联的发展，以往对科学技术关联性的研究主要集中在引文分析与共知识创造者分析，之后有了基于主题词的分析与分类映射法，然而，这些方法仍然无法确定科学与技术之间的结构联系与内容层面的深度联系；再到新型知识网络耦合法的提出，尝试去衡量科学与技术知识体系中的结构联系，但是也无法从内容层面去深度挖掘。

基础科学与技术科学之间是有一定交集、互动作用的。那么，二者的交集互动，其交集范围有多大，互动作用有多强呢？这是一个目前亟待情报人员回答的问题。

第二章

国内外研究现状及述评

正如第一章所述,在图书情报学,论文常被用作科学的表征,而专利则是技术的体现,故科学与技术之间的联系,常采用论文–专利之间的关系进行体现,常见的方法有共知识创造者分析(Co-activity Method)、共分类分析(Co-category Method)、共主题分析(Co-topic Method)、引文分析(Citation Analysis)、耦合分析法(Bibliographic Coupling)等。其中,共知识创造者分析、共分类分析和共主题分析都是以某一(或一系列)知识元(作者/发明人、学科代码/技术分类、论文主题/技术术语)作为"纽带",分析该知识元在科学论文和技术专利中的出现情况,从而推理和判断科学与技术之间的联系。这类方法局限,且存在诸多困难。

引文分析回避了上面的问题,同时结合知识关联的概念、内涵、特征、方向、分类、计量指标等,从专利引用论文的单向知识关联计量科学对技术的促进,也可以从论文引用专利的单向知识关联定位技术创新对科学进步的贡献。此外还可以从论文–专利混合共被引(无向知识关联或双向知识关联)的视角反映科学与技术相互作用对后来科学技术进步的影响等。

第一节 专利引用论文单向知识关联下的科学对技术的影响分析

在欧盟、美国等地区或国家,发明在申请专利时,必须列出该发明的先行技术,即引用的专利、论文或其他,其中科学论文、会议论文、书籍等信息

第二章 国内外研究现状及述评

常被称之为非专利引文（Non-Patent References，NPRs）。同时，一件专利若被后续论文引用得频繁，表明专利所涉及的知识扩散范围很广，技术的原创性很强，即很有价值[35,36]。此外，专利引用论文作为知识流动的一种方式，不仅扩大了知识溢出，同时也为知识增值提供了条件[37]。故而，专利引用论文不仅仅体现专利的重要性，同时也显示科学知识向不同技术领域的知识扩散轨迹。

不少研究者通过专利引用论文分析了科学知识在某些技术领域的知识扩散情况[38-40]。Narin F. 以生物科学领域为例，选取美国专利商标局（United States Patent and Trademark Office，USPTO）中生物技术相关的专利为样本，分析了专利与专利、专利与论文间的引用关系，认为专利与科学论文间具有较强的相关性，高技术与科学之间的关系非常紧密[41]。此外，Narin F. 发现，美国专利引用的科学文献中有73%来自高校、政府部门或其他公共研究机构，27%来源于企业界科学家，且美国技术与美国科学的知识关联程度6年内增加了2倍[42]。Meyer M. 的研究发现，专利的科学文献引用及其引用频率能反映基础研究与技术创新之间的相互关联，不同研究领域的关联强弱、互动方式等[43]。Guan J 等人以纳米技术领域为例，发现纳米技术的发展更多依靠的是科学推动，而不是技术驱动[44]。Rui L 等从专利引用论文的动机出发，探讨了发明人自引论文与非发明人引用论文在计算科学关联度方面的差异，其中后者的噪音较大[45]。

国际上不少学者采用科学关联度指标，即专利引用科学文献的平均数量，来考察专利技术和基础科学间的关系或影响强弱。2001年，日本文部科学省在其《科技进步年度报告》[46]中，以美国 USPTO 中的专利数据为样本，详细比较了1985—1998年美国、英国、德国、法国和日本各国的科学关联度，发现伴随着时间的推移，各个国家的科学关联度值都在增长。尤其是美国，其在1985年的科学关联度值不足0.5，而在1998年该值已经高于3.0；此外，日本的科学关联度是这些国家中最低的，在1998年其科学关联度值不足美国的1/4、英国的1/2。2002年，我国台湾地区在美国的授权专利量为6730件，仅次于美国、日本和德国，位列第四；而其专利的科学关联度只有0.21，仅是美国的1/20、韩国的1/3。为此，不少学者认为，科学关联度值低的地区，其原创性的专利较少，亦即基础性的专利、攻击性的专利较少。中国科学技术信息研究所赵志耘等人以我国在美国申请的生物科技领域的专利数据进行了研究，研究结果表明，我国1981—1999年的科学关联度仅有0.62，而2000—2003年的科学关联度为3.0，之后在2008—2011年的科学关联度为6.57[47]。

当前，专利引用论文的分析多基于USTPO数据库，使用数学及统计学的方法比较、归纳科学技术二者间的相互关联程度，并未深入分析专利引用论文形成的网络。此外，科学技术关联评价中使用的指标，如科学关联度、专利引用论文国家分布、专利引用论文类型分布等，揭示的是科学对技术作用的部分数量特征，并未深入到科学技术二者间的内在作用机理。同时，选取的分析对象，多是生物科学、纳米技术等高科技领域，远不能全面体现科学与技术间的互相转化特征。

第二节 论文引用专利单向知识关联下的科学对技术的影响分析

关于论文引用专利的分析研究比较少，是由于论文的参考文献主要是由期刊论文、会议论文、书籍等组成，且专利引文涉及多个国家或地区，其格式很乱，其中仅专利号就包括专利申请号、专利公开号、专利优先权号等。

Glanzel和Meyer以SCI（Science Citation Index，SCI）论文数据为例，统计了论文引用的USPTO专利情况，发现有30 000项专利被引用，其中化学领域的论文对专利的引用量最高，其次是医学和药学领域，最低的是数学和地质学等领域[48]。Meyer等人发现参考文献中有专利的论文更容易被引用，亦即应用型的科学是"好科学"[49]。Looy等人研究生物技术领域的论文–专利时，发现被专利引用过的论文会在后续研究中获得更多的引用[50]。吴菲菲、黄鲁成等人以SCI中高被引的3000篇论文进行分析，发现前沿性学术研究建立在总结已有研究成果的基础上，综述中引用的专利会给学者带来启发，论文类文献更能直接体现技术对科学的影响，且论文对专利的引用丰富了科学研究[51]。杨祖国、陈红等人以SCI数据库中中国专利被科技论文引用的数据为例，探索中国技术专利被科学论文引用的状况及规律，发现化学领域的中国专利被引用次数最高，被引用的专利主要是由高等院校及中国科学院申请的[52]。

这类研究不仅量少，且论文引用专利分析主要是以 SCI 数据为例，采用统计的方法，使用技术关联度、论文引用专利国家分布、论文引用专利类型分布等描述性指标体现技术对科学影响的部分数量特征，远未深入到科学技术二者间的内在作用机理。

第三节　论文-专利混合共被引角度的科学与技术互动分析

无论是专利引用论文分析还是论文引用专利分析，都是单向的，即反映的是先行科学对技术的影响或者是先有技术对科学的影响。这样的分析方法很难反映高科技时代下科学与技术间的相互融合、渗透，更难以客观展示科学与技术相互作用下的知识流动。

Gao J 等人提出论文-专利混合共被引分析方法，并指出该方法有如下 5 方面作用[53]：其一，共被引分析法可以用于研究学科或领域的知识演进及变化；其二，单件专利/论文中专利、论文间的共被引可以反映科学与技术间的相互作用；其三，基于大样本的专利、论文混合共被引分析，可以反映科学与技术相互作用对后来科学技术进步的影响；其四，应用社会网络分析法于共被引分析，可以将网络属性与技术演化/科学进步的机理有机地联系起来，发掘技术进步中重要的科学研究；其五，基于时间线的共被引网络的聚类分析，可以寻找到技术演进/科学进步的进化路线。

之后，Gao J 等人[54]结合德温特创新索引（Derwent Innovation Index，DII）数据库的专利文本特征，应用 JAVA 编程对数据进行了预处理，实现了被引专利、被引论文格式标准化，进而计算了整体引文间的共现情况，输出了引文间的共现矩阵；之后将矩阵导入 CiteSpaceII，完成了专利/论文的混合共被引网络分析、聚类分析和聚类自动标引；此外，借助专利与论文的共被引模拟了科学与技术的相互融合，并从共被引网络与知识网络间的相关关联中，探析了知识流动中的基础文献，分析了技术进步下科学和技术在知识流动中的相互融合[55, 56]。

论文专利互引下的科学和技术之间的联系研究

第四节 本章小结

科学和与技术是一对既相互区别又相互联系的概念。一方面,科学强调知识发现与创造,技术强调将知识应用于实践,两者属于不同的概念范畴;另一方面,科学与技术都是知识,二者在产生、开发与应用方面密切相关。陈昌曙对科学与技术的区别进行了系统总结,认为两者的性质和功能不同、基本任务与结构不同、研究过程和方法不同、相邻领域与相关知识不同、实现目标和结果不同、衡量标准不同、研究过程及劳动特点不同、社会价值及影响不同。尽管在理论上科学与技术的概念具有不同的起源与演变脉络,但在基础科学研究与技术科学的实践背景下,两者又具有紧密的内涵关联。

从科学计量学的视角,当前基于引用的科学-技术关联探测主要是单向的,即多从技术专利对科学论文的引用角度出发,而较少学者从科学论文对技术专利的引用进行分析,更鲜有研究从论文-专利混合共被引的角度进行剖析。此外,还有下面4方面的不足:其一,数据库的选择,较为单一。当前分析所用到的专利数据库多采用美国专利商标局的数据库(USPTO),而论文数据库则是以科睿维安的SCI数据为主,这些数据源存在收录偏好,会影响分析结果。其二,研究领域选择比较局限。目前在研究科学与技术二者间的联系时,作者们多从论文数据库或专利数据库中,采用某一检索式检索相关论文或专利,表征对应的科学学科或技术领域,探讨这一学科或领域中科学与技术间的互相作用。另外,这一学科或领域,多选择纳米领域[24]、石墨烯领域[57]、锂离子电池[58]、肝病药物[59]、燃料电池[60]、人工智能[61,62]等相对较小的研究对象。其三,分析手段比较单一。当前采用的分析手段主要是基于统计的,得出来的结论亦是采用统计比较、归纳、抽象、概括出来,并未深入到论文专利互引生成的网络。其四,计量指标多是基于二者间的数量特征。无论是科学关联度、专利引用论文国家分布等,还是技术关联度、论文引用专利类型分布等,都是从二者单向引用中抽取出来的数量特征,并未从二者互引生成的知识网络结构角度进行指标构架,更无法以此为基础研究专利引文/论文引文所诠释的科学-技术关系等。

第三章

研究内容、研究目标和分析指标

第一节　研究内容

本项目研究旨在以多个论文数据库和多个专利数据库为例，以科技哲学、引文分析学、文献共被引分析学、文献引用分析、知识网络理论为指导，以文本挖掘技术、社会网络分析技术和知识图谱技术为手段，从论文和专利之间互相引用的关系出发探讨科学与技术之间的互相转化，并以宏观、中观、微观和纳观4个维度开展应用研究，一方面从数量的角度佐证科学与技术之间的关联程度；另一方面从质量的角度测度不同科学技术成果（论文或专利）对科学技术进步的影响强度。

一、论文专利互引分析的对象和内容

首先，科学论文被用作科学活动的表征，而技术专利被应用于技术创新的体现，故而分析科学与技术之间的互相转化，可以采用论文与专利之间的互相作用进行体现。

其次，科学与技术之间的互动情况，可以划分为科学对技术的作用、技术对科学的影响、科学与技术之间的互相作用等。在科学对技术的作用方面，结合科学论文引用技术专利的引用动机、引用行为、引用功能、引用方向等，这里采用论文引用专利网络进行表征与分析；同理，在技术对科学的影响方面，这里采用专利引用论文网络进行表征与分析。在科学与技术之

间互相作用方面，本项目采用论文-专利混合共被引网络进行表征与分析，见图3-1。

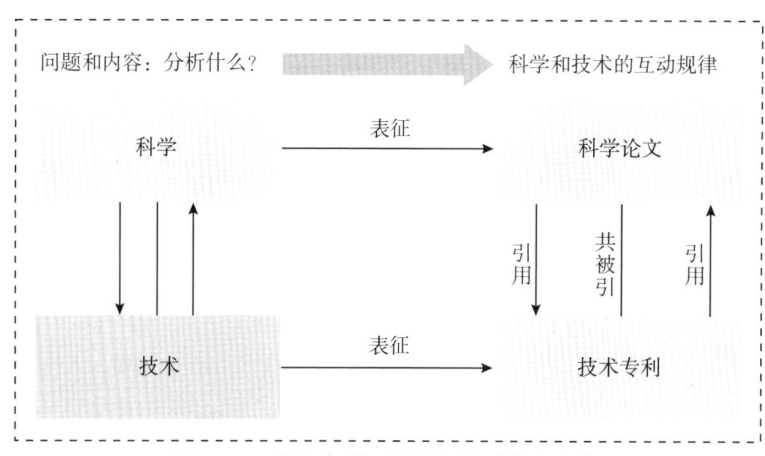

图3-1 论文专利互引分析的对象和内容

二、论文专利互引分析的指标和功能

无论是论文引用专利分析，还是专利引用论文分析，抑或是论文-专利混合共被引分析，最终生成的都是知识网络，其中节点表示论文或者专利，而连线体现的是论文与专利之间的联系，或者论文与论文、专利与专利之间的联系。

故而论文专利互引分析计量的指标，可以从节点、连线、群体、网络整体4个层次进行构建，并从数量和质量两个维度揭示论文专利互引网络的特征，辨识论文专利互引网络中的关键节点、连线、群体等，鉴别论文对专利或者专利对论文的作用、影响等，评估论文-专利之间的相似性、差异性，定位具体论文/专利对整个科学网络或者技术网络发展的影响等，见图3-2。

第三章 研究内容、研究目标和分析指标

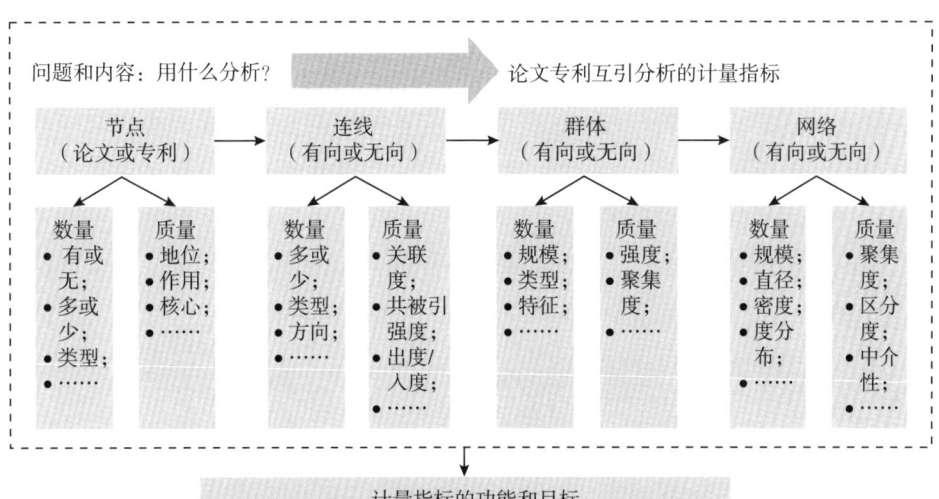

图3-2 论文专利互引分析的指标与功能

三、论文专利互引分析的实现方法和技术

论文专利互引分析的实现,需要对原有引文分析、文献共被引分析、文献耦合分析、关联规则挖掘、引用内容分析、社会网络分析、知识图谱分析等进行总结、提炼,并辨识出可移植用于实现论文专利互引的分析方法和技术。同时也要对传统计量方法进行集成创新,开发论文-专利混合共被引分析方法、多文献(论文或专利)共被引分析方法,甚至融合多种节点的多模异质知识网络分析法。

在论文专利互引分析的方法和技术中,至少要包括以下5类分析功能:一是统计分析,包括科学关联度、技术关联度、引用频次等;二是网络节点分析,包括度数、中介中心度、紧密度等;三是网络连线分析,包括频次、权重、中介中心度等;四是网络群体分析,包括规模、强度、聚集度等;五是网络整体分析,包括网络密度、网络直径、网络聚集度等。在此基础上,实现以下4个主要功能:一是引文数据的准备与预处理;二是半结构化引文数据的抽取,以及引用情况和共被引情况的计算和分析;三是论文-专利互引网络中节点、连线、群体、网络等层面的指标构建与计算；四是论文-专利互引网络中关键节点、关键连线、关键群体等的抽取与计量分析。

在此基础上，可以尝试引入多模异质知识网络的分析方法，探讨科学技术与知识互相转化中的热点主题等，从而挖掘出科学和技术之间互相转化中更深入更广泛的隐性知识。其中，模体现的是知识网络中表征节点的知识元类型，若属于同一类型的知识元，则为一模，否则就是多模；质表征的是知识网络中连线的类型，若知识网络中只有一种类型的知识关联连线，则称其为同质网络，否则就是异质网络，见图3-3。

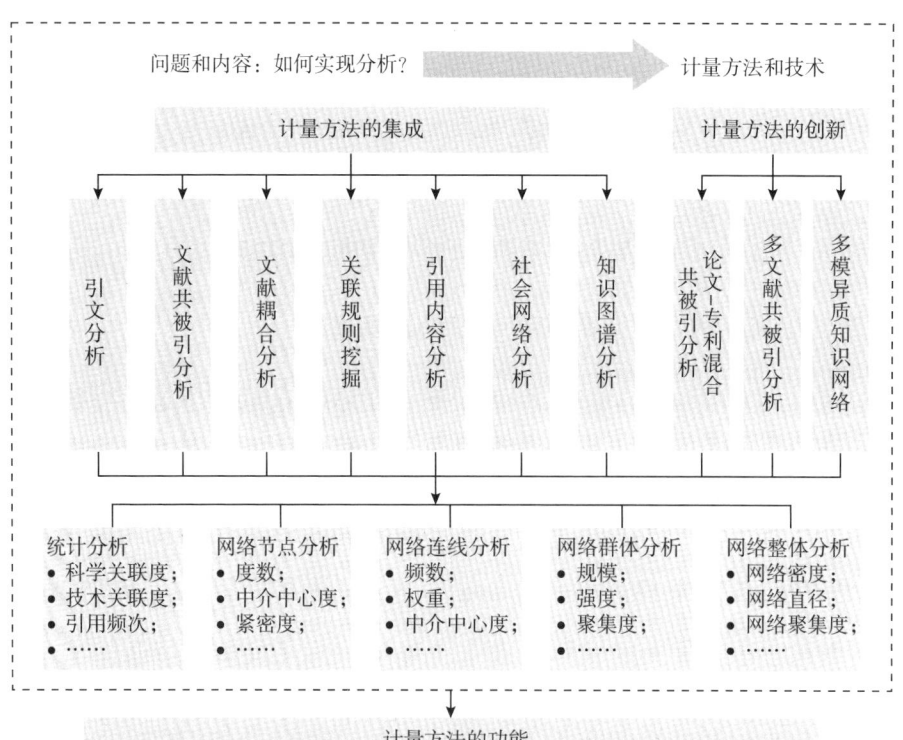

图3-3 论文专利互引分析的实现方法和技术

四、论文专利互引分析的实证研究

如图3-4所示,由于数据载体的差异,决定了实证研究需要从学科和领域两个视角展开,同时需要充分兼顾到不同学科、不同领域等所表现的科学与技术之间的转化规律差异。

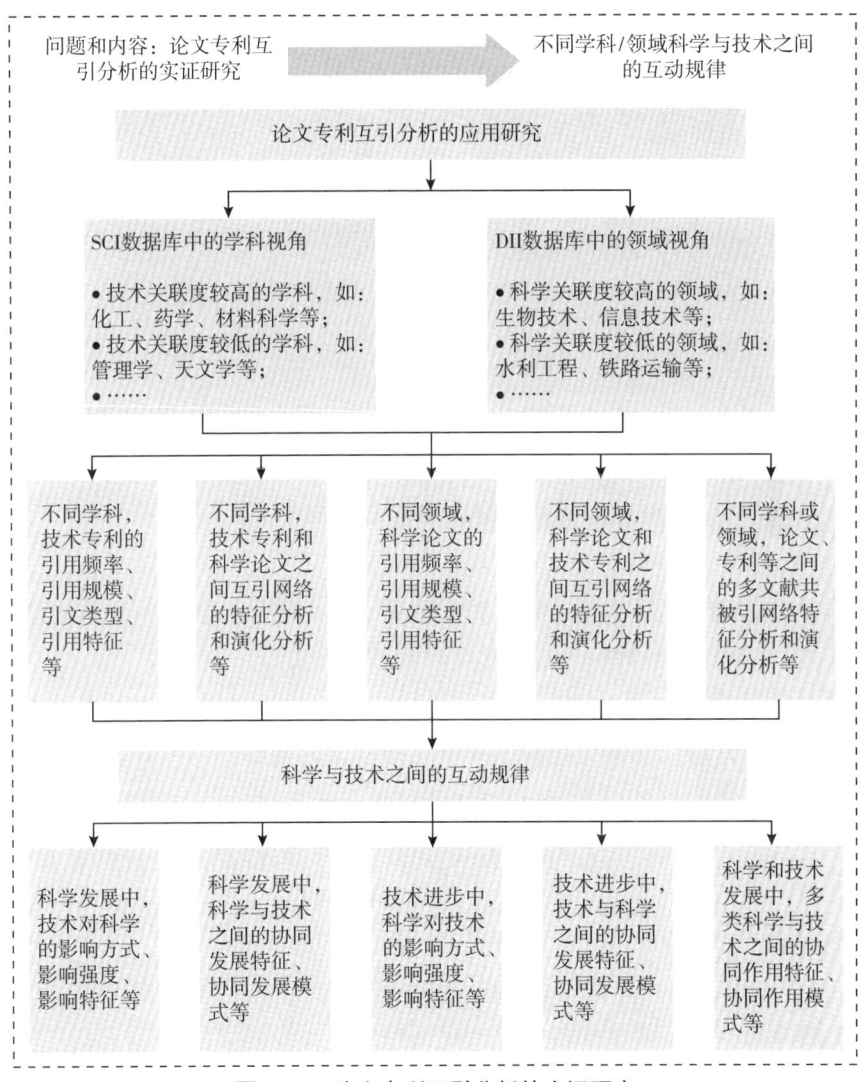

图3-4 论文专利互引分析的实证研究

论文专利互引下的科学和技术之间的联系研究

本部分将从 DII 数据库（从权威性的角度，主要是抽取美国授权专利）中挑取不同的国家、不同的行业、不同的企业等，分别进行论文-专利互引分析研究，目的在于分析不同层面下科学论文的引用频率、引用规模、引文类型、引用特征等，并探索科学论文和技术专利之间互引网络的结构特征、演化模式等。

其次，还将从论文数据库（主要是 SCI 数据库，但不局限于 SCI 数据库）中挑选国家层面、中国层面、学科层面和单篇技术专利层面，分别进行论文-专利互引分析研究，以期展示不同维度下技术专利的引用频率、引用规模、引用类型、引用特征等，并挖掘技术专利和科学论文之间互引网络的结构特征、演化模式等。

在定量分析的基础上，从科学论文的主体大学、技术专利的主体研究院所和企业彼此间的频繁深度互动出发，我们提出了"融通创新"的概念及融通创新的支撑体系建设。之后，以南京大学某团队的"融通创新"实践案例分析，进一步探讨了基础科学-技术科学-工程技术中的"技术科学"的作用和影响。

第二节　研究目标

根据论文和专利数据库的特点，实现论文引用专利分析、专利引用论文分析、论文-专利混合共被引分析、多文献共被引分析等。

借鉴社会网络、知识图谱等领域中的研究成果，移植或者创建合适的评价指标和计算方法，实现无权有向网络、加权无向网络、加权有向网络中的重要节点、重要连线、重要群体等的计量分析。在此类一模同质知识网络的基础上，尝试融合多类节点（文献/主题/作者/分类/机构等）及其间的连线而形成的多模同质知识网络、一模异质知识网络和多模同质知识网络分析。通过多模知识网络，实现由论文、专利表征下的科学与技术关系分析，进一步延伸到科学论文的知识主体（即：作者单位）到技术专利的知识主体（即：专利权人）间的关联分析，探析科学知识与技术知识间的融合发展，以及科学知识为主要产出的大学和以技术发明为主要产出的研究院所或企业多者间的融通发展。

第三章　研究内容、研究目标和分析指标

基于不同层面下的论文引用专利特征及其演化规律，以及不同层面下专利引用论文特征及其演化规律，还有不同层面论文-专利混合共被引下的论文-专利作用特征，探索基础科学与技术二者间的作用特征及其互相转化规律等。

在此基础上，可以进一步延伸到基础科学、技术科学和工程技术三者间的互动，以及分别以三者为主要知识产出的大学、研究院所和企业间的融通发展。甚至进一步，将以"政策"作为知识产出的政府考虑进去，考虑"大学-研究院所-企业-政府"四者间的互动作用和分工协作，亦即：真正的科学-技术-工程-创新的融通创新发展。

第三节　分析指标

一、科学对技术的影响视角

1 非专利文献数量

非专利文献数量，指的是具体专利引文中的非专利引文数量。一般而言，非专利文献数量越大，意味着具体技术的进步越受益于科学的发展。

2. 科学关联度

科学关联度，是指专利引用科学文献的数量，由 CHI 公司开发用作考察企业的技术创新对基础科学研究的依赖程度。科学关联度指标是对引用非专利文献数量指标的进一步细化，因为非专利文献种类很多，包括期刊论文、会议论文、书籍、研究报告、报纸、杂志等，并非所有的都是科学文献。科学关联度与专利质量的关系已经被很多学者验证，即专利引用的科学文献越多，说明其越接近科学前沿，该专利质量越高；一个企业较多引用科学文献，说明其使用科学知识能力较强，其专利质量也高。该指标同样适用于宏观层面的比较分析，比如国家层面、领域层面等。

3. 最大后向非专利引文量

后向专利引文，指的是专利申请中引证的各种参考文献，包括专利、论文、书籍、标准等。一般而言，后向专利引文量越大，该项专利的价值越高。

这里采用后向专利引文中的论文、书籍、会议等非专利类文献，体现专利申请中科学对其的影响。之后，以这类非专利文献的数量，体现具体的科学对技术的贡献。针对具体的分析对象，如国家、行业、企业等，采用最大非专利文献的数量，体现具体的科学对某项技术的影响极值，亦即指标最大后向非专利引文量。

二、技术对科学的影响视角

1. 引用专利数量

引用专利数量，指的是具体科学文献中的专利引文数量。一般而言，专利文献数量越大，意味着具体科学的进步越受益于技术的发展。

2. 技术关联度

技术关联度，是指论文引用技术专利的数量占总引文的比重，以发现基础科学对技术创新的依赖程度。技术关联度指标是对专利文献数量指标的进一步细化。技术关联度与科学文献的关系已经有部分学者探讨过，即科学文献引用的技术专利越多，说明其与技术的关联性越高；一个学科较多引用技术专利，说明该学科基础研究与技术科学间的互动作用越强。该指标同样适用于宏观层面的比较分析，比如国家层面、领域层面等。

3. 最大专利引文量

这里采用科学文献引文中的技术专利，体现科学研究中技术对其的影响和贡献。之后，以这类专利引文的数量，体现具体的技术对科学的贡献强度。针对具体的分析对象，如国家、行业、企业等，采用最大专利引文量，体现具体的技术对某科学领域的影响极值。

三、知识关联形成的知识网络计量指标

无论是论文引用专利形成的专利引用网络，还是专利引用论文形成的文献引用网络，甚至是论文与专利互相作用下形成的论文-专利混合共被引网络，最终本质上都是一种基于知识关联形成的知识网络，其中：节点表示知识元，而连线表示知识关联。这里的节点可以是科学文献，也可以是技术专利；连线，则可能是引用关系，也可能是共被引关系，等等。

故而，针对这类知识网络，可以采用网络分析中的节点、连线、群体等计量指标进行进一步挖掘。

1. 节点的数量

正如毛泽东同志所言，"任何质量都表现为一定的数量，没有数量也就没有质量"，数量是质量的基础和载体。

2. 节点（知识元）的度量

度数（degree），即与节点相连的其他点的个数，反映的是该节点的直接影响力。

紧密度（closeness），即该节点 i 到达网络中其他所有节点的最短路径之和，反映的是该节点 i 不受其他节点控制的能力，抑或该节点与网络中其他节点之间联系的难易程度。

$$closeness(i) = \sum_{j=1}^{n} d_{ij}$$

中介中心度（betweenness），即经过节点 x 并且连接这两点的最短路径数与这两点之间的最短路径总数之比，反映的是该节点 i 在多大程度上为网络起着"中介"作用，亦即节点 i 在网络中对于知识流动的影响力。

$$betweenness(x) = \sum_{j<k} gjk(x)/gjk$$

其中：gjk 表示节点 j 和 k 之间的最短路径数；$gjk(x)$ 表示的是节点 j 和 k 之间经过节点 x 的最短路径数。

特征向量值（eigenvector centrality）C，其具体计算方法如下：

假设网络中有 n 个节点，其邻接矩阵为 A，其 $a_{ij}=1$，表示节点 i 和节点 j 之间存在关联；$d_{ij}=0$，则表示节点 i 和节点 j 之间无关联关系。λ 为邻接矩阵 A 的主特征值，是一个常量。$l=(l_1, l_2, l_3, \cdots, l_n)$ 为矩阵 A 对应的 λ 的特征向量，即存在这样的关系：

$$\lambda l_i = \sum_{j=1}^{n} a_{ij} l_j, \quad i=1, 2, \cdots, n$$

则节点 i 的特征向量值

$$C_e(i) = l_i = \lambda^{-1} \sum_{j=1}^{n} a_{ij} l_j, \quad i=1, 2, \cdots, n。$$

节点的特征向量值，反映的是该节点的间接影响力，因其与高度数值的节点相邻而具备的影响力。

3. 连线（知识关联）的度量

频数，$N=C_{ij}$。

其中，C_{ij} 表示知识网络中 KU_i 和 KU_j 共同出现的次数。

权重，常见的共现强度算法，包括余弦相似度、Jaccard 算法、Dice 算法等。

$$\cos\theta(KU_i, KU_j) = \frac{C_{ij}}{\sqrt{C_i} \times \sqrt{C_j}}$$

$$\mathrm{jac}\theta(KU_i, KU_j) = \frac{C_{ij}}{C_i + C_j - C_{ij}}$$

$$\mathrm{Dice}\theta(KU_i, KU_j) = \frac{2C_{ij}}{C_i + C_j}$$

其中，$N(KU_i, KU_j)$ 表示知识元 KU_i 和 KU_j 共同出现的次数，其值为 C_{ij}。C_i 表示知识元 KU_i 出现的次数；C_j 表示知识元 KU_j 出现的次数。

这里，采用 $\cos\theta(KU_i, KU_j)$ 表示知识元 KU_i 和 KU_j 之间的共现强度，亦即节点 KU_i 和节点 KU_j 之间连线粗细程度。

连线中介中心度（Betweenness），测量的是连线在多大程度上位于网络中其他节点间联系的"中介"。在网络中，若一条连线处于许多节点的连接线上，可以认为这条连线可以控制网络中知识的流通，其具体数学公式表示如下：

首先，根据引文集中引文的数量，设定最小支持度的值；

其次，通过迭代运算，找出支持度大于等于最小支持度的引文组合（亦即关联规则挖掘中的频繁集）；

最后，上面的引文集合，就构成了多个引文之间的共被引。

在关联规则挖掘中，主要有 Apriori 算法、DHP 算法、Partition 法、Sampling 算法等，这里采用的是 Agrawal 等人提出的 Apriori 算法。该算法主要包括两个重要步骤：确定连接和剪除分支。

① 确定连接：在确定频繁 k 项集（记做 L_k）时，首先通过频繁 $k-1$ 项集（L_k-1）与自身连接产生候选 k 项集 C_k，该候选项集中的 L_k-1 引文是可连接的，是满足关联规则要求的。

② 剪除分支：在①中生成的 C_k 是 L_k 的超集，也就是它的成员可能不是频繁的，但所有的频繁 k 项集都包含在候选 k 项集 C_k 中。程序运行，确定 C_k 中每一个候选的计数，从而确定频繁 k 项集。当然，随着引文数量的增长，其引文集合就会增大，相应的候选 k 项集 C_k 可能涉及的运算量就会很大。这样，在 Apriori 算法的应用中，任何非频繁 $k-1$ 项集都不会是频繁 k 项集的子集，故一个候选 k 项集的 $k-1$ 项集不在频繁 $k-1$ 项集中，则该候选项必然不是频繁的，从而可以从候选 k 项集 C_k 中删除掉。

3. 主要指标

支持度 Support（$X \Rightarrow Y$），指的是引文集合中同时包含 X 和 Y 的文献数与总文献数 D 的比例，即：

$$support(X \Rightarrow Y) = \frac{(X \cap Y).count}{|D|}$$

置信度 Confidence（$X \Rightarrow Y$），指的是引文集合中同时包含 X 和 Y 的文献数与包含 X 的文献数的比例，即：

$$confidence(X \Rightarrow Y) = \frac{support(X \Rightarrow Y)}{support(X)}$$

提升度 Lift（$X \Rightarrow Y$），指的是引文 X 的出现，对于引文 Y 的出现频率发生多大的变化。其中，Lift（$X \Rightarrow Y$）> 1，表示引文 X 和引文 Y 是正相关；

Lift（$X{\Rightarrow}Y$）=1，表示引文 X 和引文 Y 是独立的；Lift（$X{\Rightarrow}Y$）< 1，表示引文 X 和引文 Y 是负相关。

$$\text{Lift}(X{\Rightarrow}Y) = \frac{\text{supp}(X \cup Y)}{\text{supp}(X) \times \text{supp}(Y)}$$

第四章

专利引用论文视角下的科学对技术的影响

从专利的创新性和技术性出发,这里采用美国授权的发明专利进行研究。另外,考虑到发明专利从申请到公开一般有18个月的时间,第四章的专利数据将采用美国2010—2019年授权的306.26万发明专利进行研究。

如图4-1所示,在2010—2019年的10年中,来自美国的专利权人共授权了133.20万件发明,位列第一。另外,来自中国大陆地区的专利权人共计授权7.71万件发明,位列第六。

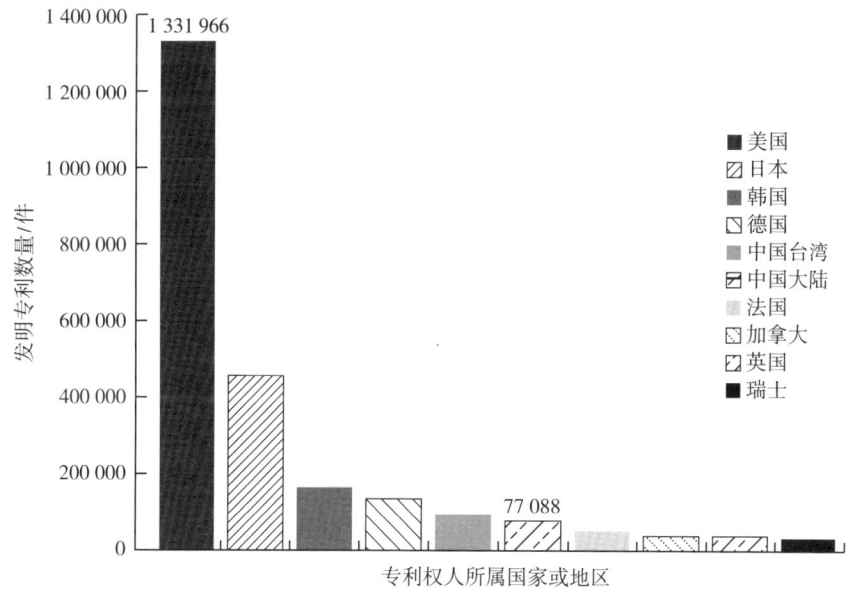

图4-1 2010—2019年美国授权发明专利分布

论文专利互引下的科学和技术之间的联系研究

第一节 宏观视角——国家层面

本节选择美国、德国、日本和中国的授权发明,进一步比较不同国家之间技术进步上科学贡献的差异,见表4-1。

表4-1 美国、德国、日本和中国比较

年份	平均非专利文献数量/万件				平均科学关联度				最大后向引文量			
	中国	日本	德国	美国	中国	日本	德国	美国	中国	日本	德国	美国
2010年	1.830	2.575	3.979	12.931	0.082	0.089	0.114	0.165	201	1677	782	3182
2011年	2.220	2.852	4.214	13.797	0.092	0.095	0.114	0.164	399	1289	1115	3507
2012年	2.629	3.015	4.392	14.277	0.104	0.101	0.120	0.167	610	1397	3272	5025
2013年	2.791	3.638	5.733	14.215	0.113	0.111	0.130	0.162	648	1693	3313	5025
2014年	2.951	4.162	5.885	14.942	0.129	0.116	0.131	0.162	640	1568	3325	3716
2015年	3.402	4.617	5.500	14.839	0.133	0.121	0.137	0.163	717	3325	3365	4385
2016年	3.054	5.156	5.046	14.676	0.135	0.124	0.133	0.162	713	2228	3374	5195
2017年	2.965	5.045	4.791	15.313	0.126	0.121	0.131	0.161	726	4155	3389	7831
2018年	3.082	4.610	5.177	15.427	0.124	0.121	0.134	0.163	794	4155	3410	6762
2019年	2.983	4.424	4.909	15.769	0.118	0.122	0.139	0.162	822	3331	1766	7751

一、平均非专利文献数量

从平均非专利文献数量视角,中国在2010—2015年持续增长,并在2015年达到峰值,为3.402,之后有一定的波动。日本在2010—2016年持续增长,并在2016年峰值,为5.156,之后在5.0上下波动。德国则是在2010—2014年持续增长,并在2014达到峰值5.885,之后在5.0左右波动。美国则是在2010—2019年持续增长,并在2019年达到创纪录的15.769。美国在这10年,可以划分为3个阶段，其中2010—2011年保持在12～14；2012—2016年维持在14～15；2017年以后，一直大于15。

综合比较中国、日本、德国和美国，这4个国家可以划分为3个层次，分别是：中国；日本和德国；美国。其中，位于第一层级的中国，平均非专利文献数量明显较小，低于日本和德国，更远低于美国，即使中国在2015年的峰值，也仅是相当于日本和德国在2013年之前的水平。位于第二层级的日本和德国，平均非专利文献数量相对较高，普遍高于中国的水平，但是依然远远低于位于第三层级美国的值，甚至日本和德国的峰值，都不及美国2010—2019年期间最低值12.931的一半。

故而，从平均非专利文献数量的角度而言，科学对技术的贡献在持续增强，这一指标在美国方面体现得淋漓尽致。此外，相较而言，美国技术进步中，科学的贡献度要远远高于日本和德国，更远远高于中国。

二、平均科学关联度

在平均科学关联度方面，中国在2010—2016年持续增长，并在2016年达到峰值，为0.135，之后有一定的波动。日本在2010—2016年持续增长，并在2016年达到峰值，为0.124，之后基本上保持不变。德国则是在2010—2019年保持增长，其间尽管有一些微小的波动，但是到2019年达到峰值0.139。美国则是在2010—2019年基本上保持一个较为稳定的值0.16，也就是说，在美国技术的进步中，科学方面大约贡献了16%。

综合比较中国、日本、德国和美国，这4个国家可以划分为两个层次，分别是：中国、日本和德国；美国。其中，位于第一层次的是中国、日本和德国，这3个国家的平均科学关联度基本上是处于0.13左右，略低于美国的值。位于第二层次是美国，经过多年的发展，其平均科学关联度处于一个相对稳定的值，即0.16。

故而，从平均科学关联度的角度而言，科学对技术的贡献在持续增强，这一指标主要是体现在中国、日本和德国。此外，相较而言，美国技术进步中，科学的贡献度相对而言达到一个比较稳定的程度，即16%。

三、最大后向引文量

从最大后向引文量视角,中国在2010—2019年持续增长,并在2019年达到峰值,为822。日本在2010—2017年保持增长,其间有一定的波动,不过在2017年达到峰值,为4155,之后在2019年有所下滑。德国则是在2010—2018年持续增长,并在2018达到峰值3410。美国则是在2010—2017年保持增长,其间有较大幅度的波动。

综合比较中国、日本、德国和美国,这4个国家可以划分为3个层次,分别是:中国;日本和德国;美国。其中,位于第一层级的中国,最大后向引文量明显较小,低于日本和德国,更远低于美国,即使中国2010—2019年在持续增长,到2019年达到峰值822,也远低于日本和德国的水平。至于位于第二层级的日本和德国,最大后向引文量相对较高,普遍高于中国的水平,但是依然低于美国的值。不过,日本近几年,尤其是2017—2018年,该指标最大后向引文量显著增长,达到4155,远超德国的水平,逼近美国。位于第三层级的美国,尽管最大后向引文量并不稳定,但是其值依然远超中国、日本和德国。

故而,从最大后向引文量的角度而言,尤其是2010—2019年这10年的变化趋势来看,技术的进步深深依赖于前人已有的成果,包括学术论文、技术专利,等等。这一点,中国在2010—2019年的指标值方面,体现得更为明显,且以日本、德国和美国为鉴,预计在后续的技术专利中,还将引用更多前人的成果。

四、本节小结

综合平均非专利文献数量、平均科学关联度和最大后向引文量3个指标来看,技术的发展,越来越依赖于前人的科研成果,诚如牛顿所言:"如果说我比别人看得更远些,那是因为我站在了巨人的肩上。"

若将每一篇引文比作一项研究成果,则中国在2010年的一些技术成果,是引用了201项研究成果;而到了2019年,引用甚至达到了822项技术成果。其间,美国的技术成果甚至引用了7831项成果,也就意味着,一件技术发明是站在了7831个"巨人的肩膀上"(暂不区分同一发明人的成果)。从这个角度而言,中国的技术成果,还需要站在更多的"巨人的肩膀上",先达到日本和德国的水平,再达到美国的水平。

科学关联度指标体现了技术进步中科学对技术的贡献,一般而言,科学关联度高的技术发明,意味着技术的原创性越高,越可能是基础性专利。从这个视角来比较中国、日本、德国和美国,美国的基础科学对其技术进步贡献趋于稳定,其贡献率约为0.16;而中国近10年来基础研究对技术进步的贡献在持续增强,2014—2018年的贡献率大于0.12,甚至要高于日本的贡献率,逼近德国的基础科学对技术进步的贡献率。

平均非专利文献数量体现的是具体每项技术获得成功时,参考了多少前人的基础科学成果。尽管在2010—2019年,中国的技术成果大量吸收了前人的基础研究成果,甚至达到每项技术引用3项基础科学成果,但是相较于日本和德国的5项左右,依然较低。美国的每项技术成果,更是引用了多达15项基础科学成果。

从上述平均科学关联度和平均非专利文献数量指标来看,美国的技术发明距离基础研究更近,意味美国的基础研究成果可以更多更快地获得技术转化应用,这也可能是美国技术更加先进的一个原因。另外,相比其他国家,美国的技术发明参考借鉴了更多前人的科研成果,这也可能是美国技术先进的一个原因,毕竟是"集大成者"。

第二节 中观视角——高技术行业层面

在国家层面分析的基础上,本节进一步选择4家中国和美国代表性的企业,予以表征高技术行业,探索技术进步中科学对其的影响和贡献。中国的4家代表性企业为华为技术有限公司、京东方科技集团股份有限公司、TCL华星光电技术有限公司和腾讯科技(深圳)有限公司;美国的4家代表性企业是苹果公司、高通股份有限公司、脸书公司和谷歌公司。其中,专利的归属按照第一专利权人确定。

其间，为了进一步归并所有子公司的专利，这里采用科睿维安的专利权人代码进行合并相关专利，其中，华为技术有限公司的专利权人代码为 HUAW-C（简称：华为）、京东方科技集团股份有限公司的专利权人代码为 BOEG-C（简称：京东方）、TCL 华星光电技术有限公司的专利权人代码为 TCLC-C（简称：华星）、腾讯科技（深圳）有限公司的专利权人代码为 TNCT-C（简称：腾讯）；苹果公司的专利权人代码为 APPY-C（简称：苹果）、高通股份有限公司的专利权人代码为 QCOM-C（简称：高通）、脸书公司的专利权人代码为 FABK-C（简称：脸书）、谷歌公司的专利权人代码为 GOOG-C（简称：谷歌），见表 4-2。

表 4-2 代表性公司的发明授权情况　　　　单位：件

公司	2010年	2011年	2012年	2013年	2014年	2015年	2016年	2017年	2018年	2019年	总计
苹果	495	706	1183	1793	1573	1228	1990	2157	1700	2474	15 299
高通	664	1045	1453	2194	1952	2110	2912	2652	1864	2397	19 243
脸书	10	11	46	98	149	211	402	655	509	1290	3381
谷歌	280	467	1197	1887	1908	1943	2946	2731	1744	2282	17 385
华为	239	426	676	926	758	863	1543	1900	1645	2852	11 828
京东方	14	47	61	90	77	272	890	1409	1278	2156	6294
华星	1	9	7	122	309	332	549	819	745	1259	4152
腾讯	4	1	11	24	30	89	237	332	247	438	1413

综合而言，美国本土企业还是具有更大的"本土优势"，即优先在本国申请授权专利，其中高通和谷歌的专利数量最大，接近 2 万件。此外，中国的华为也具有较强的技术优势，10 年间授权发明约 1.18 万件，甚至在 2019 年授权了 2852 件，超过美国的苹果、谷歌等高技术企业。

从时间演化角度来看，我国的 4 家高技术企业在 2010—2019 年 10 年间基本上都处于增长状态，尤其是华为、京东方和华星。

第四章　专利引用论文视角下的科学对技术的影响

一、平均非专利文献数量

从平均非专利文献数量的引用角度来看，美国的高技术企业具有显著优势，见表4-3。

表4-3　中国和美国代表性企业的平均非专利文献数量比较

公司	2010年	2011年	2012年	2013年	2014年	2015年	2016年	2017年	2018年	2019年
苹果	19.64	16.11	18.20	19.59	25.21	15.47	22.26	29.89	45.08	44.71
高通	7.45	8.75	9.98	9.53	9.28	10.61	9.81	7.86	6.65	6.37
脸书	23.00	61.64	10.48	11.99	16.10	11.65	10.50	12.42	7.60	5.55
谷歌	13.94	19.62	13.46	14.46	14.73	16.55	9.43	11.08	11.42	14.84
华为	4.73	6.63	9.47	9.83	9.16	7.57	6.47	6.00	6.29	6.50
京东方	1.43	0.89	0.80	0.67	2.00	4.60	3.89	3.28	2.92	2.53
华星	0.00	0.44	1.71	0.46	0.43	0.28	0.40	0.35	0.30	0.41
腾讯	1.25	6.00	2.09	2.96	2.93	3.06	2.59	3.78	3.72	4.28

在近10年，美国4家代表性企业的平均非专利文献数量普遍较高，且在2018年和2019年一度超过40；脸书在2011年的平均非专利文献数量最高，达到61.64，不过其在之后2012—2017年都小于20，甚至在2018—2019年开始滑落到10以下。

我国的4家企业，华为的平均非专利文献数量相对较高，2010—2019年的年平均非专利文献数量均值为7.03，也更加接近于美国的高技术企业；京东方和腾讯的平均非专利文献数量较低，其2010—2019年的年平均非专利文献数量分别为2.99和3.63；华星的平均非专利文献数量最低，其2010—2019年的年平均非专利文献数量为0.37。

从同类企业的视角对比来看，华为和高通都可以定位为通信服务商，二者的平均非专利文献数量较为接近，其中2010—2019年的年平均非专利文献数量分别为7.03和8.68，尤其是在最近的2018—2019年，华为和高通基本上都是在6.5左右；若将脸书和腾讯都定位为社交媒体类企业的话，腾讯较脸书还是有一定的差距的，其中脸书的2010—2019年的年平均非专利文献数量约是腾讯2.5倍多，且脸书的峰值发生在2011年为61.64，远远超过了腾讯2011年的峰值6.00。

二、平均科学关联度

从平均科学关联度角度来看，中国的华为公司表现优异，甚至超过了美国的4家代表性高技术企业。

如表4-4所示，美国的4家代表性企业在科学关联度方面的主要特征是由最初的高值逐步降低，并开始趋于平稳，其中苹果和脸书的特征尤为明显。中国的4家代表性企业，其中华为有类似于美国企业的特征，也是由2012—2014年的峰值，逐步开始趋于平稳；华星则是一直较为稳定，基本上保持在0.03；京东方和腾讯，则是逐渐由低值开始步入高峰。

表4-4 中国和美国代表性企业的平均科学关联度比较

公司	2010年	2011年	2012年	2013年	2014年	2015年	2016年	2017年	2018年	2019年
苹果	0.18	0.15	0.15	0.15	0.15	0.13	0.13	0.12	0.12	0.12
高通	0.18	0.18	0.19	0.19	0.17	0.17	0.19	0.20	0.19	0.20
脸书	0.23	0.29	0.23	0.16	0.18	0.15	0.14	0.13	0.14	0.12
谷歌	0.22	0.25	0.22	0.22	0.20	0.18	0.16	0.17	0.18	0.22
华为	0.20	0.26	0.31	0.32	0.31	0.27	0.24	0.22	0.22	0.21
京东方	0.04	0.06	0.03	0.05	0.12	0.27	0.22	0.19	0.16	0.14
华星	0.00	0.03	0.07	0.04	0.03	0.03	0.03	0.03	0.03	0.03
腾讯	0.07	0.55	0.14	0.21	0.19	0.15	0.17	0.17	0.18	0.18

在美国的4家代表性企业中，高通和谷歌的平均科学关联度较高。不过，其中科学关联度的峰值却是出现在脸书，其在2011年的值一度高达0.29。在中国的4家代表性企业中，华为的平均科学关联度最高，其值高达0.25，并且

2012—2014年，其科学关联度甚至都超过了0.30。此外，京东方在科学关联度方面的表现也不错，其在2015—2016年都超过了0.20，甚至在2015年其值为0.27。

三、最大后向非专利引文量

从最大后向非专利引文量角度来看，美国的代表性企业远远超过了中国的企业表现。

从表4-5可以发现，技术的进步绝不是空穴来风，更不可能是凭空而出。每项技术的进度都离不开前人的知识积累，甚至部分技术的进步大量受益于前人的科学进步。

表4-5 中国和美国代表性企业的最大后向非专利引文量比较

公司	2010年	2011年	2012年	2013年	2014年	2015年	2016年	2017年	2018年	2019年	最大值
苹果	298	356	325	425	472	1147	1088	1193	1373	1255	1373
高通	127	224	279	332	361	279	314	229	236	269	361
脸书	39	224	52	233	283	333	358	381	183	196	381
谷歌	211	298	322	361	447	1467	466	465	721	336	1467
华为	57	59	101	114	119	170	86	86	215	126	215
京东方	14	5	23	6	21	29	34	31	24	43	43
华星	0	1	5	9	22	5	8	10	6	25	25
腾讯	4	6	6	11	7	93	14	105	114	117	117

美国4家企业的最大后向非专利引文量都超过了三位数，甚至苹果和谷歌的值都超过了1000，且苹果在2015—2019年最大后向非专利引文量都超过了1000。中国华为的最大后向非专利引文量在中国的4家代表性企业中是最高的，为215，不过也仅仅有2018年的值超过了200。此外，中国腾讯的最大后向非专利引文量在2017年后开始持续增长，并在2018年达到114，2019年达到117。至于中国的京东方和华星，则相对较低，其中华星甚至多年里的最

大后向非专利引文量都不超过10。

四、本节小结

在将苹果、高通、脸书和谷歌划定为美国的高技术行业，同时将华为、京东方、华星和腾讯界定为中国的高技术行业的话，综合平均非专利文献数量、平均科学关联度和最大后向引文量3个指标来看，美国高技术行业的科学贡献还是要远远超过中国的高技术行业的。

在平均非专利文献数量方面，美国的高技术行业具有显著优势，即使最低的高通，其值也要超过中国最高的华为。不过，华为的进步很明显，也是最为接近美国的中国企业，甚至部分年度的平均非专利文献数量是逼近甚至超过美国的一些企业的。

在平均科学关联度方面，中国的高技术行业是表现极为优秀的。华为的值一枝独秀，要超过美国的高技术行业表现；甚至京东方和腾讯的值，也仅是略低于美国高技术行业中的高通和谷歌，而要优于美国的苹果和脸书。进一步细分析，可能是在于美国的高技术行业都趋于平稳发展，而中国的京东方和腾讯则处于后发阶段。

在最大后向非专利引文量方面，美国的高技术行业远远超过了中国高技术行业的表现。相较于美国高技术行业的最大后向非专利引文量一般都是几百，甚至部分高达1000多而言，中国高技术行业还是处于不足100的阶段，其中，即使中国的华为也仅仅是在2010—2019年中有6年超过100。

对比平均科学关联度，中国的高技术行业在技术的发展中已经越来越意识到科学进步的影响，深刻关注科学的进步并尽快将其应用于技术的开发和完善中，其中，华为已经有较为成熟的"科学→技术"转化模式，而京东方和腾讯还是处于摸索或进一步掌握"科学→技术"的转化模式阶段。

对比平均非专利文献数量和最大后向非专利引文量来看，美国的高技术行业一直有深厚、丰富的"科学供给"，已经有成熟的"先进科学→前沿技术"转化模式；而我国的高技术行业发展，还缺少"先进科学"的供给，其中仅有华为有较好的积累。

第四章　专利引用论文视角下的科学对技术的影响

第三节　微观具体企业视角——华为和苹果

在宏观国家层面和中观高技术行业比较的基础上，本节将进一步选取美国高技术行业的代表苹果公司和中国高技术行业的代表华为公司进行深层次的比较。

在具体的分析中，本项研究需要抽取苹果公司和华为公司具体引用的非专利文献，具体实现步骤如下：

①从专利引文中，抽取专利的非专利引文。

②从非专利引文中，通过标题、作者、期刊等信息，在DOI数据库中匹配并检索具体的非专利文献，确定对应非专利文献的DOI号。

③在Web of Science（WoS）数据库和DOI数据库中，检索具体的非专利文献。

④基于检索到的非专利文献，从文献的国家、机构、基金资助机构、研究方向、作者等角度进行对比分析。

鉴于专利引文中的非专利文献格式较复杂且较混乱，本项研究已经尽可能地采用多种方法，包括自然语言处理、文本挖掘、中-英等语种自动翻译等多种方法，其间夹杂有大量的人工辅助筛选、查重、去重等，最终依然有一部分非专利文献难以匹配到DOI号，甚至部分有DOI号的文献难以检索到具体的文献。

最终检索得到，华为引用的独立DOI号的文献数量为1888篇，查找检索到1795篇，检索率为95.1%，其中单篇独立DOI号的文献最高被引13次；苹果引用的独立DOI号的文献数量为2803篇，查找检索到2415篇，检索率为86.2%，其中单篇独立DOI号的文献最高被引75次。这里有52篇文献，共同被华为和苹果所引用。

一、科学知识客体比较

在情报学领域，一般将科学文献的文献类型、期刊、研究方向、学科分类、基金项目等界定为科学知识的客体；而将科学文献的国家、机构、作者等认定为科学知识的主体。

论文专利互引下的科学和技术之间的联系研究

从科学知识客体角度,本节对比华为和苹果的科学知识供给差异。在文献类型①方面,华为和苹果的主要知识来源都是科学论文。其中,华为引用的科学论文数量为1401篇,占比为78.05%,其次为会议论文的497篇,占比为27.69%;苹果引用的科学论文数量为1810篇,占比为74.95%,其次也是会议论文为615篇,占比为25.47%。在期刊方面,华为引用的科学论文主要是发表在 IEEE Transactions on Information Theory、Journal of Lightwave Technology、IEEE Transactions on Communications、IEEE Communications Magazine、IEEE Transactions on Wireless Communications 等期刊上,其中 IEEE Transactions on Information Theory 上最多,有88篇,占比4.90%;苹果引用的科学论文主要是发表在 IEEE Transactions on Circuits and Systems for Video Technology、Proceedings of the Society of Photo Optical Instrumentation Engineers SPIE、Communications of the ACM、IEEE Journal of Solid State Circuits、SCIENCE 等期刊上,其中 IEEE Transactions on Circuits and Systems for Video Technology 上最多,有63篇,占比为2.61%。

在研究方向②方面,华为引用的科学论文主要是 Engineering、Telecommunications、Computer Science、Optics、Physics 等方向上的,其中 Engineering 最多,为1238篇,占比为68.97%;Telecommunications 次之,为761篇,占比为42.40%;Computer Science 第三,为608篇,占比为33.87%。苹果引用的科学论文主要是 Engineering、Computer Science、Telecommunications、Physics、Optics 等方向上的,其中 Engineering 最多,为973篇,占比为40.29%;Computer Science 次之,为889篇,占比为36.81%;Telecommunications 第三,为280篇,占比为11.59%。

在学科分类③方面,华为引用的科学论文主要是 Engineering Electrical Electronic、Telecommunications、Computer Science Information Systems、Optics、Computer Science Hardware Architecture 等学科,其中 Engineering Electrical Electronic 最多,为1225篇,占比为68.25%;其次为 Telecommunications,为761篇,占比为42.40%。苹果引用的科学论文主要是 Engineering Electrical

---

① 文献类型,包括科学论文(Article)、会议论文(Proceeding)、综述论文(Review)、简报、社论等。此外,一篇文献,可能会包括多种文献类型。

② 一篇文献,可以被划分到多个研究方向。

③ 一篇文献,可以被划分到多个学科分类。

Electronic、Computer Science Software Engineering、Telecommunications、Computer Science Information Systems、Computer Science Artificial Intelligence 等学科，其中 Engineering Electrical Electronic 最多，为 892 篇，占比为 36.94%；其次为 Computer Science Software Engineering，有 339 篇，占比为 14.04%。

在基金项目[①]方面，华为引用的科学论文主要是由美国 NSF（National Science Foundation）、中国 NSFC（National Natural Science Foundation of China）、欧盟 European Commission、中国 973 项目（National Basic Research Program of China）、美国 NIH（National Institutes of Health）等资助的，其中美国 NSF 的论文最多，为 50 篇，占比为 2.79%；其次为中国 NSFC，为 38 篇，占比为 2.12%。苹果引用的科学论文主要是由美国 United States Department of Health Human Services、美国 NIH、美国 NIH National Cancer Institute、美国 NIH National Institute of General Medical Sciences、美国 NSF 等资助的，其中美国 United States Department of Health Human Services 的论文最多，为 134 篇，占比为 5.55%；其次为美国 NIH，其论文数为 131 篇，占比为 5.42%。

二、科学知识主体比较

在国家[②]方面，华为引用的科学论文主要是由美国、中国、加拿大、德国、日本等发表的，其中美国最多，为 838 篇，占比为 46.69%；其次为中国的 170 篇，占比为 9.47%；第三是加拿大的 114 篇，占比为 6.35%。苹果引用的科学论文主要是由美国、日本、英国、加拿大、德国等发表的，其中美国最多，为 1286 篇，占比为 53.25%；其次是日本的 157 篇，占比为 6.50%；第三是英国的 139 篇，占比为 5.76%。

在机构[③]方面，华为引用的科学论文主要是由美国加州大学（University of California）、美国电话电报公司（AT&T）、阿尔卡特-朗讯公司、

---

① 一篇文献，可以有多个基金项目资助。
② 一篇文献，可以被划分到多个国家；不过一篇文献中的同一个国家出现多次，仅计算一次。
③ 一篇文献，可以被划分到多个机构；不过一篇文献中的同一个机构出现多次，仅计算一次。

论文专利互引下的科学和技术之间的联系研究

诺基亚公司、斯坦福大学等发表的,其中美国加州大学最多,为96篇,占比为5.35%;其次为美国电话电报公司的84篇,占比为4.68%。苹果引用的科学论文主要是由美国加州大学、斯坦福大学、麻省理工学院、美国电话电报公司、诺基亚公司等发表的,其中美国加州大学最多,为120篇,占比为4.97%;其次为斯坦福大学的62篇,占比为2.57%。华为引用的科学论文中,有21篇是华为公司发表的,位列机构排名的第19,占比为1.17%;中国大陆高校或科研院所中,排名最高的是中国科学院,其论文数为18篇,占比为1.00%。

在作者方面,华为引用的科学论文主要是美国得克萨斯大学奥斯汀分校Robert W. Heath Jr.教授(ORCID:0000-0002-4666-5628)、美国斯坦福大学的Cioffi, John M.教授、美国加利福尼亚大学欧文分校Jafar, Syed A.教授(ORCID:0000-0003-2038-2977)的论文。其中Robert W. Heath Jr.教授有21篇,占比为1.17%;此外,Cioffi, John M.教授有10篇,而Jafar, Syed A.教授有9篇。

其中,美国得克萨斯大学奥斯汀分校Robert W. Heath Jr.教授[①]的研究兴趣包括无线通信、信号处理和传感的几个方面:MIMO、有限反馈技术、多跳网络、多种信号处理、毫米波通信技术和车载通信系统。他著有 *Introduction to Wireless Digital Communication*(译为《无线数字通信概论》)和 *Digital Wireless Communication: Physical Layer Exploration Lab Using the NI USRP*(译为:《数字无线通信:应用NI USRP的物理层探索实践》),并合著了 *Millimeter Wave Wireless Communications*(译为《毫米波无线通信》)和 *Foundations of MIMO Communication*(译为《MIMO通信基础》)。美国斯坦福大学的Cioffi, John M.教授[②]的研究兴趣是在多个不同的通信渠道上传输尽可能高的数据速率的理论,最具代表性的成果是全球使用的超过5亿DSL连接的基本设计。Cioffi还参与了世界上第一个有线调制解调器和数字音频广播系统的原型开发。Cioffi率先使用远程管理算法来改善(通过互联网或云)有线(DSL)和无线(Wi-Fi)物理层传输性能,这一领域通常被称为动态频谱管理或动态线路管理。Cioffi是矢量DSL传输和优化MIMO无线传输基本专利的共同发明人。美国加利福尼亚

---

① https://orcid.org/0000-0002-4666-5628。
② https://cioffi-group.stanford.edu/。

第四章 专利引用论文视角下的科学对技术的影响

大学欧文分校 Jafar, Syed A.[①] 教授的研究重点是通信网络的基本限制——如何在干扰用户之间最佳地共享信号。他将"干扰对齐"的概念普及，使人们能够对过去 10 年中注意到的几个令人惊讶的结果有一个明确和统一的理解，并揭示了它在未来通信网络中的潜力。通过干扰校准的透镜研究，Jafar 博士的团队在各种相关研究上都取得了令人惊奇的成果，如分布式数据存储精确修复、检索编码、多跳多流网络、蜂窝频率重用、多用户多天线系统、可重构天线、网络一致性、不当信号及跨并行信道状态编码的协同性，等等。

在作者方面，苹果引用的科学论文主要是加拿大多伦多大学的 Balakrishnan, Ravin 教授和美国得克萨斯大学奥斯汀分校 Robert W. Heath Jr. 教授。其中 Balakrishnan, Ravin 教授的引用量为 12 篇，占比 0.50%；Robert W. Heath Jr. 教授的引用量为 8 篇，占比为 0.33%。

Balakrishnan Ravin[②] 是多伦多大学计算机科学系的教授，他参与领导了动态图形项目（DGP）实验室。他的研究兴趣在人机交互（HCI）、信息和通信技术的发展、交互计算机图形学等。2011 年，他成功获选为 ACM CHI Academy 成员，同时还在 2007 年获得斯隆奖（Alfred P. Sloan Research Fellowship），在 2003 年获得 Ontario Premier's Research Excellence Award。其间，他还在 2002—2006 年担任过贝尔-多伦多大学人机交互联合实验室副主任，并在该领域的顶级会议（ACM CHI，CSCW，UIST）获得多个最佳论文奖。除了与多伦多大学的学生和同事合作外，他还与世界领先的企业或大学的研究人员合作，包括在三菱电机研究实验室（MERL）担任访问研究员（2005—2007 年），在巴黎大学和 INRIA 做访问教授（2006 年），等等。此外，他是 2010 年谷歌公司收购的 Bump Technologies Inc. 的联合创始人，同时，他还参与创建了另外两家初创公司 Arcestra 和 Conceptualiz。

三、本节小结

从科学知识客体角度来看，华为和苹果的科学知识都主要是来自于科学论文和会议论文，其中前者的占比都为 75% 左右，而后者的占比都在 25%

[①] http://blavatnikawards.org/honorees/profile/syed-jafar/。

[②] http://www.dgp.toronto.edu/~ravin/#briefbio。

左右；从期刊视角来看，华为和苹果的科学知识都主要是来自于 *IEEE* 系列期刊；在研究方向方面，华为和苹果的科学知识都主要是来自于 Engineering、Telecommunications 和 Computer Science，且都是 Engineering 最多；在学科分类方面，华为和苹果的 Engineering Electrical Electronic 都是最多，且华为在该学科方面的论文量约占到总量的 68.25%，而苹果则为 36.94%；在基金项目方面，华为和苹果的科学知识都主要是美国的科研项目资助的，其中华为主要是源于美国 NSF 和中国 NSFC 资助的项目；而苹果则是源于美国 United States Department of Health Human Services 和美国 NIH 相关资助。

从科学知识主体角度来看，华为和苹果的科学知识都主要是来自于美国作者的发文，都大概占到总量的 50% 左右；从研究机构来看，华为和苹果的科学知识都主要是来自于美国加州大学及美国一些企业的发文，如美国电话电报公司、微软公司等。其中，华为公司自己的科学成果，也是其重要的科学知识来源。从作者角度来看，华为和苹果都引用了美国得克萨斯大学奥斯汀分校 Robert W. Heath Jr. 教授的科学研究成果。

第四节 纳观单个企业比较视角

在微观企业比较的基础上，本节将进一步选取美国高技术行业的代表苹果公司和中国高技术行业的代表华为公司进行更深层次的单独比较分析。

在具体的分析中，本项研究进一步抽取苹果公司和华为公司具体引用的非专利文献和专利文献，鉴于非专利文献主要是科学论文，所以也就是从论文和专利混合共被引的视角探析苹果公司和华为公司在技术进步中科学与技术二者间的互动，从而揭示科学、技术分别在苹果公司和华为公司技术进步中的作用，以及它们的作用特点。具体实现步骤如下：

第一步：抽取引用的非专利文献。

① 从专利引文中，抽取专利的非专利引文。

② 从非专利引文中，通过标题、作者、期刊等信息，在 DOI 数据库中匹配并检索具体的非专利文献，确定对应非专利文献的 DOI 号。在后续的分析中，主要将通过 DOI 号对非专利文献进行唯一标识。

③ 在 WoS 数据库和 DOI 数据库中，检索具体的非专利文献。

④ 在③的基础上，进一步采集并核验非专利文献的其他特征项，具体包括：作者、研究机构、标题、期刊、发表年等。

⑤ 在④中获取的特征项的基础上，进一步补充期刊的其他特征信息，如期刊影响因子、期刊出版商、期刊总被引频次等；在④中获取的研究机构的基础上，进一步补充研究机构的其他特征信息，如研究机构所属国家等。

第二步：抽取引用的专利文献。

① 从专利引文中，抽取专利引用的专利文献。

② 从专利文献中，通过发明人、发明名称、专利权人、专利申请号、专利公开号等信息，在 Derwent Innovation 数据库中匹配并检索具体的专利文献，确定对应专利文献的申请号。在后续的分析中，主要将通过专利申请号对非专利文献进行唯一标识。

③ 在 Derwent Innovation 数据库中，检索具体的专利文献。

④ 在③的基础上，进一步采集并核验专利文献的其他特征项，具体包括：发明人、专利权人、专利申请号、专利公开号、专利申请日期、专利公开日期、IPC 分类代码、专利有效/无效、专利申请国等。

⑤ 在④中获取的特征项的基础上，进一步补充专利文献的其他特征信息，如优先权号、优先权国家、专利文献被引频次、专利文献的德温特分类、专利文献的手工代码等；在④中获取的专利权人的基础上，进一步补充专利权人的其他特征信息，如专利权人所属国家等。

第三步：计算第一步抽取的非专利文献（后续简称：论文）和第二步抽取的专利文献（后续简称：专利）所形成的共现矩阵，并采用余弦相似度算法计算文献间的相似度，并生成最终的论文-专利共被引矩阵，如图 4-2 所示。

在图 4-2 中的论文-专利共被引矩阵中，其中行和列中每一个都表示被引用的论文或者专利。若二者间存在共被引关系，则具体的值为 1，否则为 0，其中具体的对角线统一设置为 0。

	gb2313460a	jp5173707a	us6738764b2	us6690387b2	us5696962a	us6061337a	us6037882a	us200602074	usd382550s1	us4736191a	us6515669b1	us7009556b2	us200602064	us200702829	us200301014	us200400667	us6097372a	us5933822a	us7020704b1	us200701012
gb2313460a		0	0	0	0	0	0	0	0	0	0	0	0	0	0	0	0	0	0	0
jp5173707a	0		0	0	0	0	0	0	0	0	0	0	0	0	0	0	0	0	0	0
us6738764b2	0	0		0	0	0	0	0	0	0	0	0	0	0	0	0	0	0	0	0
us6690387b2	0	0	0		0	0	0	0	0	0	0	0	0	0	0	0	0	0	0	0
us5696962a	0	0	0	0		0	0	0	0	0	0	0	0	0	0	0	0	0	0	0
us6061337a	0	0	0	0	0		0	0	0	0	0	0	0	0	0	0	0	0	0	0
us6037882a	0	0	0	0	0	0		0	0	0	0	0	0	0	0	0	0	0	0	0
us200602074	0	0	0	0	0	0	0		0	0	0	0	0	0	0	0	0	0	0	0
usd382550s1	0	0	0	0	0	0	0	0		0	0	0	0	0	0	0	0	0	0	0
us4736191a	0	0	0	0	0	0	0	0	0		0	0	0	0	0	0	0	0	0	0
us6515669b1	0	0	0	0	0	0	0	0	0	0		0	0	0	0	0	0	0	0	0
us7009556b2	0	0	0	0	0	0	0	0	0	0	0		0	0	0	0	0	0	0	0
us200602064	0	0	0	0	0	0	0	0	0	0	0	0		0	0	0	0	0	0	0
us200702829	0	0	0	0	0	0	0	0	0	0	0	0	0		0	0	0	0	0	0
us200301014	0	0	0	0	0	0	0	0	0	0	0	0	0	0		0	0	0	0	0
us200400667	0	0	0	0	0	0	0	0	0	0	0	0	0	0	0		0	0	0	0
us6097372a	0	0	0	0	0	0	0	0	0	0	0	0	0	0	0	0		0	0	0
us5933822a	0	0	0	0	0	0	0	0	0	0	0	0	0	0	0	0	0		0	0
us7020704b1	0	0	0	0	0	0	0	0	0	0	0	0	0	0	0	0	0	0		0
us200701012	0	0	0	0	0	0	0	0	0	0	0	0	0	0	0	0	0	0	0	

图 4-2 论文-专利共被引矩阵（部分）

第四章 专利引用论文视角下的科学对技术的影响

在此基础上,进一步采用相似度计算方法,进行标准化处理,具体采用余弦相似度算法。

$$\text{Cosine coefficient} = \frac{C_{ij}}{\sqrt{C_i} \times \sqrt{C_j}}$$

其中,C_i 表示论文或者专利 i 在引文集中出现的次数,C_j 表示论文或者专利 j 在引文集中出现的次数,C_{ij} 表示论文或者专利 i 和论文或者专利 j 在引文集中同时出现的次数。

第四步:可视化分析。将第三步生成的相似度矩阵导入 VOSviewer 中,以知识图谱的方式体现论文-专利混合共被引网络。

VOSviewer 是荷兰莱顿大学 Ludo Waltman 和 Van Eck 在 2009 年合作开发的一款知识可视化工具,常用于展示文献计量学的分析结果,比如作者合作网络、文献共被引网络、共词分析等。

第五步:在第四步可视化分析的基础上,采用社会网络分析方法,从节点、连线、群体的角度,分析、评价、挖掘重要的节点、连线和群体。

在基于 VOSviewer 生成的论文-专利混合共被引网络的基础上,从节点、连线、群体的角度进行分析,计量分析在科学、技术互相作用下的重要的科学文献和技术专利。

一、华为公司深度分析

本节以华为公司授权的专利进行深度分析,通过专利引用的论文、专利引用的专利、专利引用论文-专利进行分析、专利引用多论文-多专利,分别测度华为技术进步中科学的影响、技术进步中技术的影响、技术进步中科学-技术间的互动影响、技术进步中多科学-多技术间的互动影响,具体采用的是文献共被引分析法、专利共被引分析法、论文-专利混合共被引分析法、多论文-多专利关联规则挖掘。

1. 华为技术进步中科学的影响

如图 4-3 所示,华为 2010—2019 年的技术进步中,科学的影响主要是体现在 2010—2016 年。表 4-6 选择出现频次较高的前 10 篇文献进行分析。

论文专利互引下的科学和技术之间的联系研究

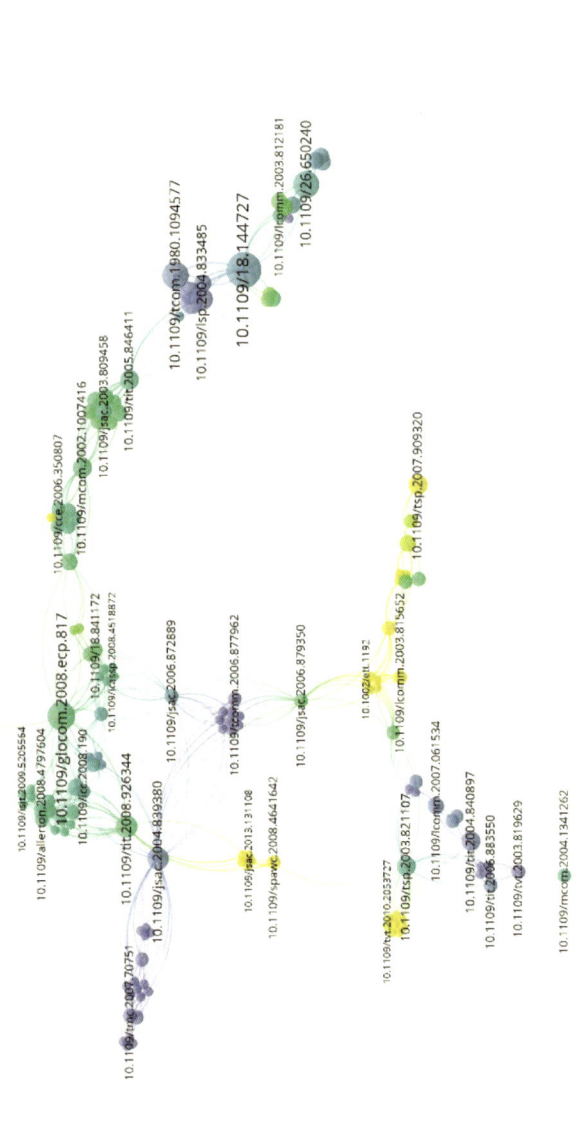

图 4-3 华为文献共被引分析（时间视图）

表4-6 华为高被引文献分析（被引频次 > 6次）

频次	DOI	作者	标题	文献主体	发表年	WoS引用
13	10.1109/18.144727	POPOVIC, BM	GENERALIZED CHIRP-LIKE POLYPHASE SEQUENCES WITH OPTIMUM CORRELATION-PROPERTIES	IEEE TRANSACTIONS ON INFORMATION THEORY	1992年	204
11	10.1109/71.372779	PRATT, GA; NGUYEN, J	DISTRIBUTED SYNCHRONOUS CLOCKING	IEEE TRANSACTIONS ON PARALLEL AND DISTRIBUTED SYSTEMS	1995年	52
10	10.1002/ett.v4460130514	Dammann, A; Kaiser, S	Transmit/receive-antenna diversity techniques for OFDM systems	EUROPEAN TRANSACTIONS ON TELECOMMUNICATIONS	2002年	21
9	10.1364/jocn.2.000196	Zhao, Yongli; Zhang, Jie; Ji, Yuefeng; Gu, Wanyi	Routing and Wavelength Assignment Problem in PCE-Based Wavelength-Switched Optical Networks	JOURNAL OF OPTICAL COMMUNICATIONS AND NETWORKING	2010年	18
8	10.1109/glocom.2008.ecp.817	Gomadam, Krishna; Cadambe, Viveck R.; Jafar, Syed A.	Approaching the Capacity of Wireless Networks through Distributed Interference Alignment	GLOBECOM 2008 - 2008 IEEE GLOBAL TELECOMMUNICATIONS CONFERENCE	2008年	84
8	10.1109/mcom.2003.1235605	Pedersen, KI; Mogensen, PE; Ramiro-Moreno, J	Application and performance of downlink beamforming techniques in UMTS	IEEE COMMUNICATIONS MAGAZINE	2003年	31
8	10.1109/mcom.2004.1341263	Sanayei, S; Nosratinia, A	Antenna selection in MIMO systems	IEEE COMMUNICATIONS MAGAZINE	2004年	699
8	10.1109/tcomm.2005.858655	Love, DJ	On the probability of error of antenna-subset selection with space-time block codes	IEEE TRANSACTIONS ON COMMUNICATIONS	2005年	34

续表

频次	DOI	作者	标题	文献主体	发表年	WoS引用
8	10.1109/tsa.2003.818108	Faller, C; Baumgarte, F	Binaural cue coding – Part II: Schemes and applications	IEEE TRANSACTIONS ON SPEECH AND AUDIO PROCESSING	2003年	116
7	10.1109/26.650240	Schmidl, TM; Cox, DC	Robust frequency and timing synchronization for OFDM	IEEE TRANSACTIONS ON COMMUNICATIONS	1997年	2105
7	10.1109/50.701403	Hashimoto, T; Nakasuga, Y; Yamada, Y; Terui, H; Yanagisawa, M; Akahori, Y; Tohmori, Y; Kato, K; Suzuki, Y	Multichip optical hybrid integration technique with planar lightwave circuit platform	JOURNAL OF LIGHTWAVE TECHNOLOGY	1998年	53
7	10.1109/tcom.1980.1094577	LINDE, Y; BUZO, A; GRAY, RM	ALGORITHM FOR VECTOR QUANTIZER DESIGN	IEEE TRANSACTIONS ON COMMUNICATIONS	1980年	4069
7	10.1109/vetecf.2007.393	McBeath, Sean; Smith, Jack; Reed, Doug; Bi, Hao; Soong, Anthony; Lu, Jianmin; Chen, Denny; Pinckley, Danny; Rodriguez-Herrera, Alfonso; O'Connor, Jim	Efficient bitmap signaling for VoIP in OFDMA	2007 IEEE 66TH VEHICULAR TECHNOLOGY CONFERENCE, VOLS 1-5	2007年	0
7	10.1155/asp.2005.1305	Breebaart, J; van de Par, S; Kohlrausch, A; Schuijers, E	Parametric coding of stereo audio	EURASIP JOURNAL ON APPLIED SIGNAL PROCESSING	2005年	87

第四章　专利引用论文视角下的科学对技术的影响

被引频次最高的文献是1992年由德国微波电子技术公司POPOVIC，BM发表的"GENERALIZED CHIRP-LIKE POLYPHASE SEQUENCES WITH OPTIMUM CORRELATION-PROPERTIES"，主要是提出了一类新的具有理想周期自相关函数的多相序列。该文的文献类型为"letter"，同时在WoS中被引用了204次。

被引频次第二高的文献是1995年由美国麻省理工学院PRATT，GA和NGUYEN，J发表在期刊 *IEEE TRANSACTIONS ON PARALLEL AND DISTRIBUTED SYSTEMS* 上的论文"DISTRIBUTED SYNCHRONOUS CLOCKING"，提出了一种分布式同步时钟，既保持了同步操作的简单性，又避免了集中式时钟的缺点，其中采用独立振荡器组成的网络取代了集中式时钟源，为计算系统中物理距离较远的部分提供了独立的时钟信号。该文的文献类型为"Article"，同时在WoS中被引用了52次。

被引频次第三高的文献是德国航空航天中心下通信和导航研究所的Dammann，A和Kaiser，S发表在2002年的论文"Transmit/receive-antenna diversity techniques for OFDM systems"，研究了不同的天线分集概念，可以很容易地应用于正交频分复用（OFDM）系统，该文关键是标准兼容性，即这些方案可以在不改变标准的情况下实现到现有的OFDM系统。该文的文献类型为"Proceedings Paper"，同时在WoS中被引用了21次。

在这14篇高被引论文中，被引频次为9次的10.1364/jocn.2.000196和被引频次为7次的10.1109/vetecf.2007.393特别值得关注。

10.1364/jocn.2.000196是由北京邮电大学赵永利等人2010年发表在 *JOURNAL OF OPTICAL COMMUNICATIONS AND NETWORKING* 的论文"Routing and Wavelength Assignment Problem in PCE-Based Wavelength-Switched Optical Networks"，设计了基于PCE的路由框架和两个基于PCE的路由模型，然后提出了基于前向预留协议（FRP）和后向预留协议（BRP）的两种分布式资源预留方案，并在PCE的WSON中进行了仿真，之后在WSONs中提出了8种基于PCE的RWA方案，并利用离散事件仿真工具OMNeT++对其性能进行了研究和验证。数值结果表明，RWA（first-fit）方案在阻塞概率和平均延迟时间方面具有最好的性能。该文的文献类型为"Article"，同时在WoS中被引用了18次，获得科技部973计划和863项目支持。

论文专利互引下的科学和技术之间的联系研究

10.1109/vetecf.2007.393 是华为公司、摩托罗拉公司等多家单位合作发表在 *2007 IEEE 66TH VEHICULAR TECHNOLOGY CONFERENCE* 会议上的论文,介绍了几种使用位图信令进行资源分配的改进机制,系统级仿真验证了改进的信令技术,并表明该技术在 VoIP 单系统中可以有效支持每兆赫 133 个 VoIP 用户,在 VoIP/数据混合系统中可以支持每兆赫 64 个 VoIP 用户加上 1.05 Mbps。该文的文献类型为"Proceedings Paper",在 WoS 中被引用了 0 次。

此外,论文 10.1109/50.701403、10.1109/18.144727 和 10.1364/jocn.2.000196 在文献共被引中,都具有较高的共被引次数,分别为 48 次、41 次和 31 次。其中,论文 10.1109/71.372779、10.1002/ett.4460130514、10.1109/vetecf.2007.393 在文献共被引中,其共被引的次数都为 0 次,意味着其在华为的技术进步中,不是和其他科学文献同时起作用,而是和专利共同作用,尤其是论文 10.1109/vetecf.2007.393,其在 WoS 中的被引次数同样是 0 次。

如表 4-7 所示,共现频次最高的是 48 次的 10.1109/50.701403。日本电报电话公司 Hashimoto,T 等人在 1998 年发表在 *JOURNAL OF LIGHTWAVE TECHNOLOGY* 上的"Multichip optical hybrid integration technique with planar lightwave circuit platform",提出了一种用于平面光波电路平台上光学器件组装的两步键合技术,包括逐片热压缩预键合和同时回流键合两步。该技术首次应用于 3 片集成收发模块,136 个模块均表现出良好的性能。该文的文献类型为"Article",同时在 WoS 中被引用了 53 次。

位列第二的是 46 次的 10.1049/el:19950757。日本电报电话公司 TOHMORI,Y 等人 1995 年发表在 *ELECTRONICS LETTERS* 上的"Spot-Size Converted 1.3-Mu-M Laser with Butt-Jointed Selectively Grown Vertically Tapered Wave-Guide",研制了一种采用对接接头选择性生长光斑尺寸变换器(SSC)的 1.3 μm 激光器,并对 SSC、垂直锥形波导和应变多量子阱(MQW)有源区进行了独立优化。该文的文献类型为"Article",同时在 WoS 中被引用了 9 次。

位列第三的是 41 次的 10.1109/18.144727,该文献同时是被引频次最高的第 1 篇文献。

第四章 专利引用论文视角下的科学对技术的影响

这9篇共现频次较高的文献，都是属于工程领域，且发表年都在2000年或2000年之前的论文。

表4-7 共现频次较高文献分析（共现频次≥40次）

共现频次	DOI	作者	标题	文献主体	发表年	WoS引用
48	10.1109/50.701403	Hashimoto, T; Nakasuga, Y; Yamada, Y; Terui, H; Yanagisawa, M; Akahori, Y; Tohmori, Y; Kato, K; Suzuki, Y	Multichip optical hybrid integration technique with planar lightwave circuit platform	JOURNAL OF LIGHTWAVE TECHNOLOGY	1998年	53
46	10.1049/el:19950757	TOHMORI, Y; SUZAKI, Y; FUKANO, H; OKAMOTO, M; SAKAI, Y; MITOMI, O; MATSUMOTO, S; YAMAMOTO, M; FUKUDA, M; WADA, M; ITAYA, Y; SUGIE, T	SPOT-SIZE CONVERTED 1.3-MU-M LASER WITH BUTT-JOINTED SELECTIVELY GROWN VERTICALLY TAPERED WAVE-GUIDE	ELECTRONICS LETTERS	1995年	9
41	10.1109/18.144727	POPOVIC, BM	GENERALIZED CHIRP-LIKE POLYPHASE SEQUENCES WITH OPTIMUM CORRELATION-PROPERTIES	IEEE TRANSACTIONS ON INFORMATION THEORY	1992年	204
40	10.1049/el:19940570	LEALMAN, IF; RIVERS, LJ; HARLOW, MJ; PERRIN, SD; ROBERTSON, MJ	1.56-MU-M INGAASP/INP TAPERED ACTIVE LAYER MULTIQUANTUM-WELL LASER WITH IMPROVED COUPLING TO CLEAVED SINGLEMODE FIBER	ELECTRONICS LETTERS	1994年	6

续表

共现频次	DOI	作者	标题	文献主体	发表年	WoS引用
40	10.1109/3.845717	Ketelsen, LJP; Grenko, JA; Sputz, SK; Focht, MW; Vandenberg, JM; Johnson, JE; Reynolds, CL; Geary, JM; Levkoff, J; Glogovsky, KG; Stampone, DV; Chu, SNG; Siegrist, T; Pernell, TL; Walters, FS; Sheridan-Eng, J; Lentz, JL; Alam, MA; People, R; Hybertsen, MS; Isaacs, ED; Evans-Lutterodt, K; Leibenguth, RE; Przybylek, GJ; Zhang, L; Feder, K; Shunk, S; Tennant, DM; Peticolas, LJ; Romero, DM; Freund, JM; Falk, BS; Tzafaras, NN; Smith, LE; Luther, LC; Geva, M; Gault, WA; Zilko, JL	Multiwavelength DFB laser array with integrated spot size converters	IEEE JOURNAL OF QUANTUM ELECTRONICS	2000年	14
40	10.1109/50.39094	HENRY, CH; BLONDER, GE; KAZARINOV, RF	GLASS WAVE-GUIDES ON SILICON FOR HYBRID OPTICAL PACKAGING	JOURNAL OF LIGHTWAVE TECHNOLOGY	1989年	56
40	10.1109/68.363381	OGAWA, I; YAMADA, Y; TERUI, H	REDUCTION OF WAVE-GUIDE FACET REFLECTION IN OPTICAL HYBRID INTEGRATED-CIRCUIT USING SAW-TOOTHED ANGLED FACET	IEEE PHOTONICS TECHNOLOGY LETTERS	1995年	10

第四章　专利引用论文视角下的科学对技术的影响

续表

共现频次	DOI	作者	标题	文献主体	发表年	WoS引用
40	10.1109/68.47056	KOCH, TL; KOREN, U; EISENSTEIN, G; YOUNG, MG; ORON, M; GILES, CR; MILLER, BI	TAPERED WAVE-GUIDE INGAAS/INGAASP MULTIPLE-QUANTUM-WELL LASERS	IEEE PHOTONICS TECHNOLOGY LETTERS	1990年	7
40	10.1109/68.541564	Hashimoto, T; Nakasuga, Y; Yamada, Y; Terui, H; Yanagisawa, M; Moriwaki, K; Suzaki, Y; Tohmori, Y; Sakai, Y; Okamoto, H	Hybrid integration of spot-size converted laser diode on planar lightwave circuit platform by passive alignment technique	IEEE PHOTONICS TECHNOLOGY LETTERS	1996年	14

如图4-4所示，根据VOSviewer自带的密度聚类算法，文献共被引网络可以形成8个聚类。鉴于VOSviewer软件不具备聚类后自动标引的功能，项目组成员在聚类的基础上，借鉴TF*IDF算法进一步计算施引专利中TF*IDF值较高的专利，作为该聚类的标志性专利，一方面表征具体聚类的核心内容，另一方面根据标志性专利的研究内容，确定聚类的标签。

如表4-8所示，聚类1主要指的是"数据通信中的错误检测和预防"技术，代表性专利是US8264982B2，其名称为"时分双工多输入多输出的下行波束形成方法、装置和系统"，公开了一种时分双工多输入多输出的波束形成方法，该方法包括：计算移动终端非发射天线所对应的信道与码本元素的相关值，并反馈相关值具有最大模值的码本元素的编号；根据相关值具有最大模值的码本元素的编号，计算出移动终端非发射天线的信道矢量；综合所述移动终端非发射天线的信道矢量和基站根据时分双工系统上下行信道对称性得到的移动终端发射天线的信道矢量作奇异值分解以确定最优的发射预编码矩阵。应用该发明实施以后，在部分反馈信息的情况下，降低了复杂度，并且数据流的速率能够得到提高。

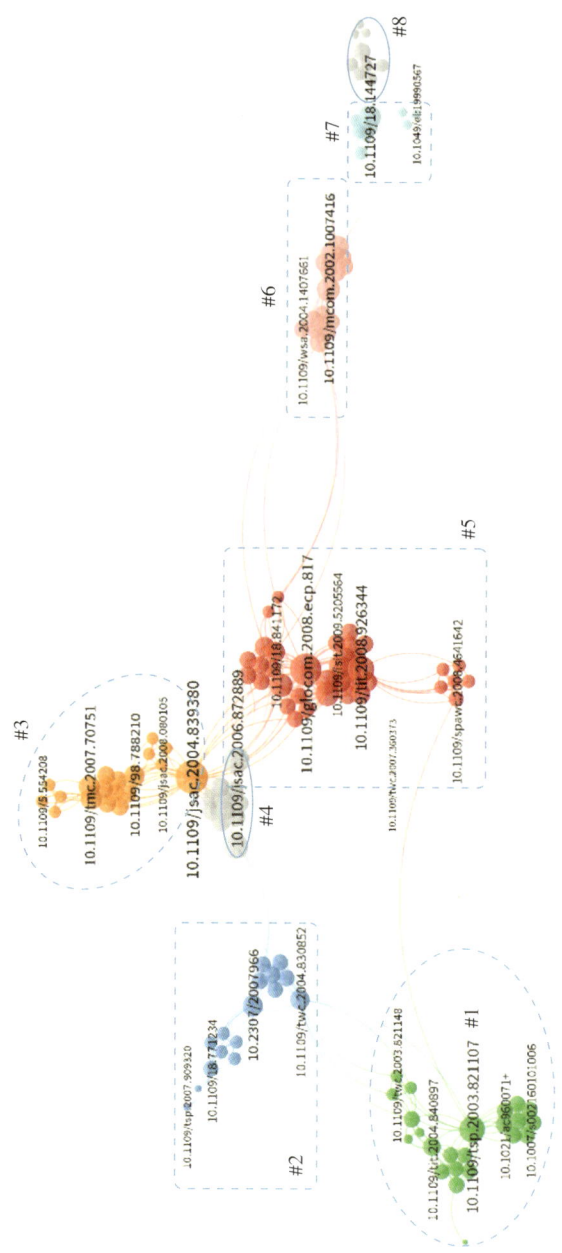

图 4-4 文献共被引分析（聚类视图）

第四章　专利引用论文视角下的科学对技术的影响

聚类 2 主要指的是 "IEEE 802.11 无线链路" 技术，代表性专利是 US9621239B2，其名称是 "任意预编码器的非线性 MU-MIMO 下行信道预编码系统与方法"，该方法涉及通过发射设备选择任意有效预编码器。前馈滤波器由发射装置根据预编码器推导而来，数据由发射装置利用预编码器和前馈滤波器来准备。

聚类 3 主要指的是 "用于统计评价的计算机数据处理系统" 技术，代表性专利是 US8315645B2，其名称是 "用于调度认知无线电系统中频谱感测的系统和方法"，本发明公开了一种用于调度认知无线电系统中的频谱感测的系统和方法。该方法包括：感测频谱带的可用性；基于所述频谱带的所述可用性而计算互感时间块的持续时间；使用所述互感时间块的所述持续时间来调度所述频谱感测操作的发生。

聚类 4 主要指的是 "数据通信中的网络使用和运行监控" 技术，代表性专利是 US8320948B2，其名称是 "无线通信系统中基于概率的资源分配系统和方法"，提供一种无线通信系统中的基于概率的资源分配系统和方法。

聚类 5 主要指的是 "数据通信中的一般性电气工程" 技术，代表性专利是 US8798182B2，其名称是 "一种预编码的方法及装置"，包括根据预编码矩阵、发射功率、接收滤波矩阵和加权矩阵构建拉格朗日函数。该发明具有提高多用户干扰系统性能、降低用户间的干扰、减少用户协作通信需要的信息传递和信息共享的特点，能够有效降低用户间的干扰，提高系统和速率的性能。

聚类 6 主要指的是 "无线电传输系统中的混合多样性框架" 技术，代表性专利是 US9484990B2，其名称是 "利用干涉器空间相关实现小区边缘的空间模式自适应"，提出了一种适应蜂窝多输入多输出通信系统下行链路空间传输策略的系统和方法。

聚类 7 主要指的是 "移动无线电收发机" 技术，代表性专利是 US8897286B2，其名称是 "通信系统中的同步方法和系统"，涉及一种多用户蜂窝通信系统中第一收发器与第二收发器上行同步方法，其中通信资源被分成通信信道。

聚类8主要指的是"数据通信中的功率控制和保护"技术，代表性专利是US9337998B2，其名称是"改进通讯系统中同步和信息传输的方法"，涉及一种改进通讯系统中同步和信息传输的方法。

表4-8 文献共被引聚类分析

标志性专利	聚类	代表性文献
US8264982B2	#1	10.1109/tit.2004.840897、10.1109/lcomm.2007.061534、10.1109/TSP.2007.894400
US9621239B2	#2	10.1109/twc.2004.830852、10.2307/2007966、10.1109/TSP.2006.885713
US8315645B2	#3	10.1109/jsac.2004.839380、10.1109/tmc.2007.70751、10.1109/98.788210
US8320948B2	#4	10.1109/jsac.2006.872889、10.1109/jsac.2006.879350、10.1109/ICASSP.2008.4518231
US8798182B2	#5	10.1109/tit.2008.926344、10.1109/allerton.2008.4797604、10.1109/ISIT.2007.4557212
US9484990B2	#6	10.1109/mcom.2002.1007416、10.1109/tit.2005.846411、10.1109/APS.2004.1330523
US8897286B2	#7	10.1109/18.144727、10.1049/el：19990567、10.1109/TIT.1961.1057655
US9337998B2	#8	10.1109/26.650240、10.1109/lcomm.2003.812181、10.1109/LCOMM.2004.823423

2. 华为技术进步中技术的影响

如图4-5所示，华为在2010—2019年的技术进步中，技术的影响主要是体现在2010—2019年。表4-9选择出现频次较高的前10篇专利进行分析。

第四章 专利引用论文视角下的科学对技术的影响

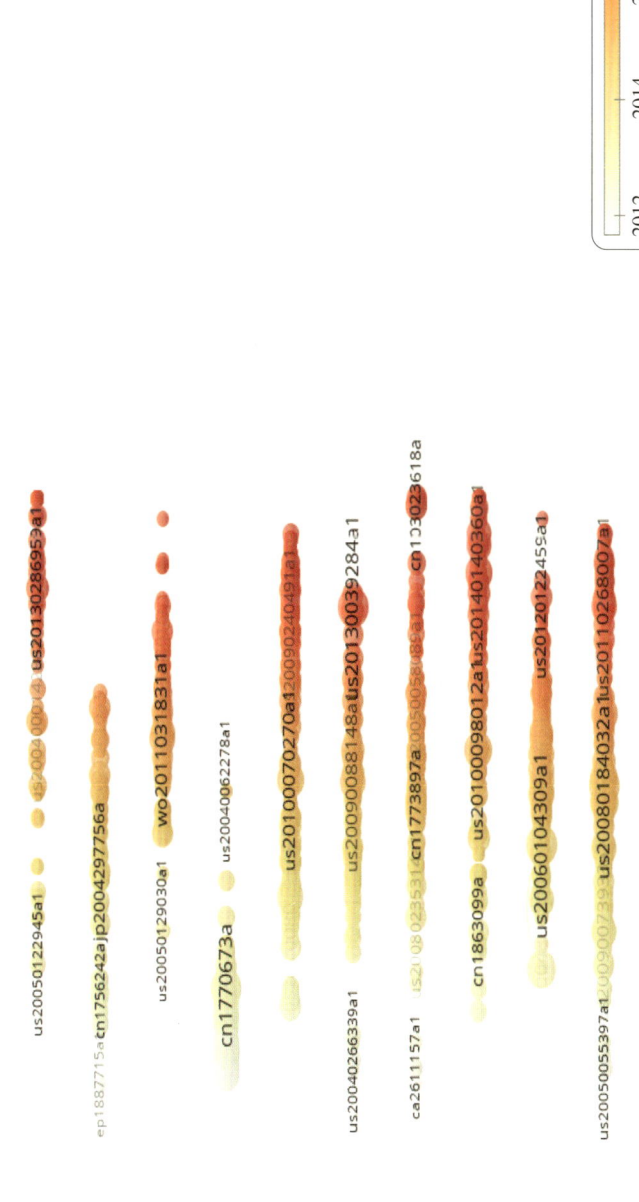

图 4-5 专利共被引分析（时间视图）

65

表 4-9 高被引专利分析（被引频次 > 19 次）

公开号	频次	标题	申请号	DI 被引次数	同族数	申请人	申请年
us20060104309a1	26	在光传输网络上传输客户层信号的方法及设备	US2005255203A	87	14	阿尔卡特公司	2005年
us20130039284a1	26	用于增强型控制信道的系统和方法	US13370851A	649	33	交互数字专利控股公司	2012年
us20080184032a1	25	在下一代移动网络中生成用于保护的密钥	US2007976045A	63	15	诺基亚公司	2007年
cn1770673a	24	一种 OTN 网络中业务复用的开销处理方法	CN200410092077.2	79	2	华为技术有限公司	2004年
us20070211750a1	24	高速以太网到光传输网的数据传输方法及数据接口和设备	US2007685355A	74	6	华为技术有限公司	2007年
us20030048813a1	22	Method for mapping and multiplexing constant bit rate signals into an optical transport network frame	US2002233574A	182	1	OPTIX NETWORKS INC	2002年
us20070213060a1	22	METHOD AND APPARATUS FOR SUPPORTING HANDOFF IN AN LTE GTP BASED WIRELESS COMMUNICATION SYSTEM	US2007683102A	272	3	交互数字专利控股公司	2007年
us20070249352a1	21	用于在接入系统间切换期间优化验证过程的系统和方法	US2007732202A	195	18	三星电子株式会社	2006年
us20100098012a1	20	载波聚合	US2009582462A	808	29	交互数字专利控股公司	2009年

第四章 专利引用论文视角下的科学对技术的影响

被引频次最高（26次）的专利是2005年阿尔卡特公司申请的"在光传输网络上传输客户层信号的方法及设备"。为了推动在光传输网络上的1Gbit/s以太网信号的传输，该专利的光传输网络使用在ITU-T G.709中说明的光传输体系，定义了一种新的OTH实体，它具有近似为1.22Gbit/s的容量，被称为光信道数据单元-0（ODU0，101）。这种新实体完全适合现有的OTH复用结构，允许在一个ODU1（110）的容量之内传输两倍的1Gbit/s以太网客户层信号，同时可以进行独立切换。使用在Rec.G.7041中说明的透明通用成帧程序（GFP-T）封装技术可以将1Gbit/s以太网信号（102）映射到ODU0的有效负载中。该专利在DI中共被引用了87次，其同族专利数量为14项。

被引频次最高（26次）的专利还有一件是2012年交互数字专利控股公司申请的"用于增强型控制信道的系统和方法"。该专利公开了用于发送和接收增强型下行链路控制信道的方法和系统，具体为通过增强型控制信道接收控制信道信息，该方法可以包括在给定的子帧中检测增强型控制信道的存在，其中增强型控制信道可以通过多个天线端口来被传送。该专利在DI中共被引用了649次，其同族专利数量为33项。综合专利的申请年、DI被引次数和同族专利数量来看，该项专利在华为的技术进步中具有重要的影响。

被引频次次高（25次）的专利是2007年诺基亚公司申请的"在下一代移动网络中生成用于保护的密钥"。该专利基于在第一网络的认证过程中所使用的随机值，为将要在第二网络中实现的认证过程计算一组关联的密钥。该专利在DI中共被引用了63次，其同族专利数量为15项。

被引频次第三高（24次）的专利有2件，都是华为公司的专利。

第一件是在2004年申请的"一种OTN网络中业务复用的开销处理方法"，是一种涉及数字信息传输的OTN网络中业务复用的开销处理方法，它采用如下步骤：①低速业务信号映射和复用到OTN时，划分OTN帧的OPU净荷区域；②在OPU开销区域中指示OPU净荷区域的划分、分配和相关的客户业务类型信息；③OPU净荷区域被划分为若干大小相同的时隙，采用复帧对准序列MFAS所对应的净荷结构指示PSI表示每个时隙分配给对应客户端口和相应客户业务类型的信息；④OPU净荷区域被划分为若干子块，采用复帧对准序列MFAS所对应的净荷结构指示PSI表示客户端口和相应客户业务类型的对应信息，并利用 OPU 开销区域表示相应客户业务在 OPU 净荷区域的子块位置信息。该发明提供了多种或任意低速业务信号映射和复用到 OTN 帧结构时的开销处理方法，不仅简便、有效，而且操作性强。该项专利在 DI 中被引用了 79 次，其同族专利数为 2。

另一件专利是在 2007 年申请的"高速以太网到光传输网的数据传输方法及数据接口和设备"，提供了一种高速以太网到光传输网的数据传输方法及数据接口和设备。其基本思想是通过流量控制、速率匹配、映射封装来实现高速以太网业务到光传输网络的无缝传输；基于现有网络结构，可以采用媒体接入控制子层、物理编码子层、光传输网接入子层来分别完成。采用该发明方案只需经过一次数据的映射封装，即可在物理层直接实现高速以太网业务透明地到光传输网络传输，由于映射时速率匹配，因此能够以完全符合标准的形式进行，保证了业务传输的效率和质量。该项专利在 DI 中被引用了 74 次，其同族专利数为 6。

另外，华为公司还引用了 1 件交互数字专利控股公司在 2009 年申请的专利 US20100098012A1 "载波聚合"，该专利被华为引用了 20 次，其在 DI 中共被引用了 808 次，同族专利数为 29 次。该专利公开了一种利用载波聚合传输用于高级长期演进（LTE-A）的上行链路控制信息的方法和装置，同时公开了在上行链路控制信道、上行链路共享信道或者上行链路数据信道上传输 UCI 的方法。所述方法包括传输信道质量指示符（CQI）、预编码矩阵指示符（PMI）、等级指示符（RI）、混合自动重复请求（HARQ）应答/非应答（ACK/NACK）、信道状态报告（CQI/PMI/RI）、资源路由（SR）和侦听参考信号（SRS）。

在引用大于 19 次的高被引专利中，华为公司有 2 件，交互数字专利控股公司有 3 件，其余是阿尔卡特公司、诺基亚公司、OPTIX NETWORKS INC、三星电子株式会社各 1 件。

如表 4-10 所示，华为公司引用的专利，存在大量的专利共被引现象，其中最高共现的 2 件专利都是华为公司自身的专利，分别是 2007 年申请的 US20070211750A1 和 2004 年申请的 CN1770673A。其中，前者是申请号为 US2007685355A 的"高速以太网到光传输网的数据传输方法及相关接口和设备"，提供了一种高速以太网到光传输网（OTN）的数据传输方法及基于

第四章 专利引用论文视角下的科学对技术的影响

该方法的网络接口和设备,其基本思想是通过流量控制、速率匹配、映射封装3个步骤来实现高速以太网业务到OTN网络的无缝传输;后者是申请号为CN1770673A的"一种OTN网络中业务复用的开销处理方法",涉及数字信息传输的OTN网络中业务复用的开销处理方法。

第三件共现频次较高的专利是2001年KEYSIGHT TECHNOLOGIES申请的专利US200135110A"分布式系统时间同步包括定时信号路径",是一种具有时间信号路径的分布式系统,可提高分布式系统时钟之间的时间同步精度,具体分布式系统包括耦合到定时信号路径的主时钟和一组耦合到定时信号路径的从时钟。该发明在DI中的被引频次为110次,其同族专利数为6。

第四件共现频次较高的专利是2002年VIAVI SOLUTIONS INC申请的US2002263783A"实时协议包流的往返时延计算系统和方法",是一种设备和方法用于计算网络内第一和第二端点之间的往返延迟(RTD),首先在网络内的第一和第二端点之间选择一个中间点,之后确定从中间点到第一个端点并返回中间点的第一个数据传输时间,确定从中间点到第二个端点并返回中间点的第二个数据传输时间,并加上第一和第二数据传输时间,从而确定网络内第一和第二端点之间的往返行程延迟。该发明在DI中的被引频次为71次,其同族专利数为4。

此外,共现频次较高(2457次)的专利中还有一件中兴通讯公司在2006年申请的专利US2003565468A"一种在传输设备中实现数据动态调整带宽的设备"和"方法"。该专利在传输设备的中继链路上增加一个控制通道,用以描述当前业务的时隙占用情况。该发明可动态调整以太网数据带宽,充分利用中继带宽资源。该发明在DI中的被引频次为32次,其同族专利数为9。

表4-10 共现频次较高专利分析(共现频次≥2457次)

公开号	共现频次	标题	申请号	DI被引频次数	同族数	申请人	申请年
us20070211750a1	2641	高速以太网到光传输网的数据传输方法及相关接口和设备	US2007685355A	74	6	华为技术有限公司	2007年

续表

公开号	共现频次	标题	申请号	DI被引次数	同族数	申请人	申请年
cn1770673a	2550	一种OTN网络中业务复用的开销处理方法	CN200410092077.2	79	2	华为技术有限公司	2004年
us20030117899a1	2472	分布式系统时间同步包括定时信号路径	US200135110A	110	6	KEYSIGHT TECHNOLOGIES	2001年
us20040066775a1	2472	实时协议包流的往返时延计算系统和方法	US2002263783A	71	4	VIAVI SOLUTIONS INC	2002年
us20070206709a1	2466	Enhancing the ethernet FEC state machine to strengthen correlator performance	US2006593585A	47	2	MICROCHIP TECHNOLOGY INC.	2006年
us20070097926a1	2466	在通用移动通信系统无线接入网中实现区分服务的方法	US2003561057A	81	6	UT斯达康（中国）有限公司	2006年
us20070076605a1	2457	Quality of service testing of communications networks	US2005225713A	106	2	CISCO SYSTEMS INC.	2005年
us6496477b1	2457	Processes, articles, and packets for network path diversity in media over packet applications	US2000552090A	424	1	TEXAS INSTRUMENTS INC	2000年
us20040028408a1	2457	Apparatus and method for transmitting 10 Gigabit Ethernet LAN signals over a transport system	US2003357606A	64	12	INTELLECTUAL VENTURES ASSETS 169 LLC	2003年
us20060015507a1	2457	Controlling data consistency guarantees in storage apparatus	US2005181492A	95	4	INTERNATIONAL BUSINESS MACHINES CORP	2005年
us20060176905a1	2457	一种在传输设备中实现数据动态调整带宽的设备和方法	US2003565468A	32	9	中兴通讯股份有限公司	2006年

续表

公开号	共现频次	标题	申请号	DI被引次数	同族数	申请人	申请年
us20090254685a1	2457	TECHNIQUES FOR MANAGING PRIORITY QUEUES AND ESCALATION CONSIDERATIONS IN USB WIRELESS COMMUNICATION SYSTEMS	US2009483611A	36	2	BROADCOM LTD	2009年
us5434848a	2457	Traffic management in packet communications networks	US1994281947A	307	1	IBM 公司	1994年
us6049541a	2457	Distributed telecommunications switching system and method	US1997985387A	43	1	WSOU INVESTMENTS LLC	1997年
us6501810b1	2457	Fast frame synchronization	US1998170174A	152	1	BROADCOM LTD	1998年
us6847644b1	2457	Hybrid data transport scheme over optical networks	US2000535889A	85	9	TAMIRAS PTE LTD LLC	2000年
us7007099b1	2457	High speed multi-port serial-to-PCI bus interface	US2000563245A	201	1	NOKIA CORPORATION	2000年
us7103124b1	2457	Synchronization of nodes	US1999475190A	78	4	ERICSSON	1999年
us7188189b2	2457	System and method to improve the resiliency and performance of enterprise networks by utilizing in-built network redundancy	US2003406096A	75	2	SIERRA HOLDINGS CORP.	2003年

论文专利互引下的科学和技术之间的联系研究

如图4-6所示，同样采用VOSviewer自带的密度聚类算法，专利共被引网络可以形成13个聚类。这里依然借鉴TF*IDF算法进一步计算施引专利中TF*IDF值较高的专利，作为该聚类的标志性专利，一方面表征具体聚类的核心内容，另一方面根据标志性专利的研究内容，确定聚类的标签。

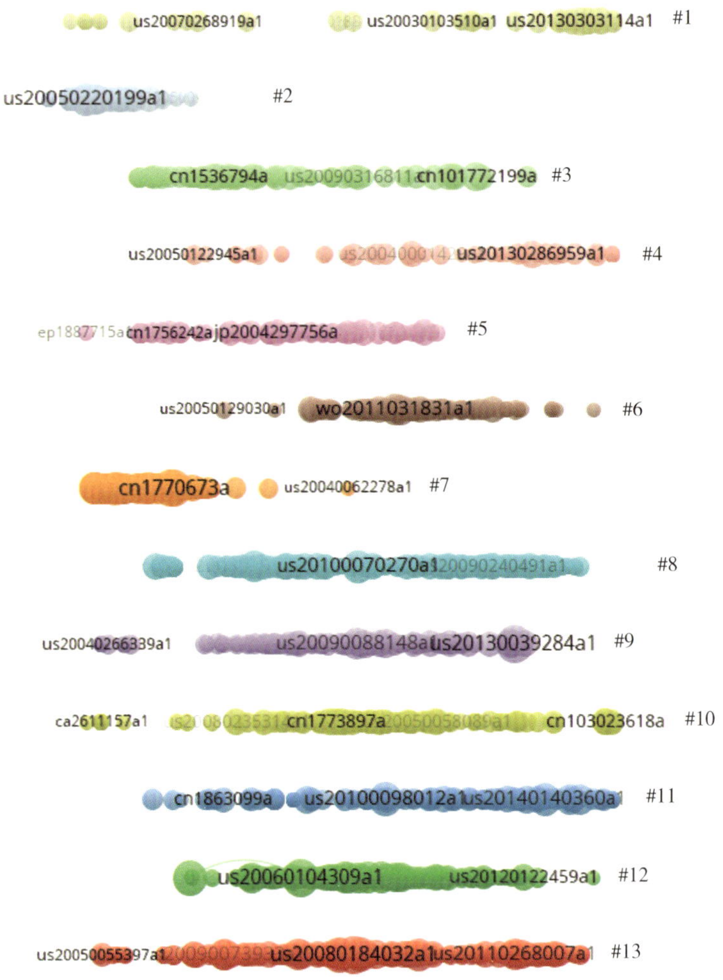

图4-6 专利共被引聚类视图

第四章 专利引用论文视角下的科学对技术的影响

如表4-11所示，聚类1主要指的是"密钥更新方法和设备"技术，代表性专利是US9031240B2，其名称为"一种active状态下的密钥更新方法和设备"，公开了一种active状态下的密钥更新方法，包括以下步骤：处于active状态下的用户终端或网络侧在满足预设条件时，发起密钥更新；所述网络侧和用户终端更新密钥并协商新密钥的启动时间。另外还公开了一种active状态下的密钥更新设备。通过使用该发明，实现了不同情况下，处于active状态的用户终端和网络侧主动发起密钥更新流程，解决了处于active状态的会话中的密钥更新问题。

聚类2主要指的是"无线局域网网关"技术，代表性专利是US8391262B2，其名称为"可扩展的无线局域网网关"，公开了一种用于组合多个通信设备的方法和技术。该发明的带宽组合技术对于客户终端（CT）和因特网主机（HO）是透明的。

聚类3主要指的是"移动性处理"技术，代表性专利是US10448285B2，其名称为"超密集网络中的移动性处理"，由华为技术有限公司的默罕默德哈迪·巴里、马江镭、阿里瑞扎·白野斯特、尤思·维莱彭撒娃、林易成和凯文·扎里非发明。超密集网络（Ultra Dense Networks, UDN）中的用户设备（User Equipment, UE）移动性是基于通信信号层的，所述通信信号层可以包括正交频分复用域、使用相应码本的码域和/或空间域中的相应数据流。UE在对从网络节点接收到的通信信号进行基于层的解码中使用候选层解码参数。随着UE在不同的网络服务区域之间移动时，层可以被分配给UE及在网络节点之间转换。给UE的移动性提供基于层的解码，使得每次UE在不同的服务区域之间移动时不需要明显的切换处理。

聚类4主要指的是"通信系统中的序列分配、处理"技术，代表性专利是US9143295B2，由华为技术有限公司的曲秉玉、何玉娟和冯瑄申请，其名称为"通信系统中的序列分配、处理的方法与装置"。该发明实施方式提供了一种通信系统中序列分配、处理的方法及相应的装置，各个序列组中的序列分成多个子组；每个子组中的序列从与该子组对应的候选序列集合中按照一定的规则选取得到；系统将确定的序列分配给小区，对于子组i，确定一个子组对应的函数$f(\cdot)$。这个函数定义域为该子组对应的候选序列集合，避免了与某长度的序列强相关的序列出现在其他序列组中,从而减少了强干扰,不需要存储大规模序列组的表格,减少了系统的复杂度。

聚类5主要指的是"互联网流量内容分发"技术,代表性专利是US9628579B2,其名称为"互联网流量内容分发的系统、设备及其方法",该发明包括在用户设备的每个第一时间间隔之后接收流量使用的交付日志。该用户设备为用户准实时计费类别的一部分,其中流量使用包括用户设备在第二层网络中与媒体服务器通信期间的数据使用。根据该交付日志计算的用户流量信息传递到计费中心,以收取来自所述计费中心的账户状态信息,其中账户状态信息是在该用户设备超出用户账户度量值的情况下收到的。

聚类6主要指的是"音频/语音信号的编码/解码"技术,代表性专利是US8532998B2,其名称为"可选择的带宽扩展的音频/语音信号的编码/解码方法和装置"。该发明提出了一种接收音频信号的方法,包括测量音频信号的周期性,以确定检查的周期性,装置中包括至少一个扩展子频带,其余的装置还包括如果所述经检查的周期性低于阈值,则减少所述谐波分量与所述噪声分量的比率,以及基于音频信号上的频谱包络,缩放所述至少一个扩展子频带的幅度。

聚类7主要指的是"复用数据流"技术,代表性专利是US7986700B2,其名称为"复用数据流电路结构"。该发明公开了一种装置,该装置包括流入控制器,其用于接收包括高优先级数据和低优先级数据的数据帧,和流入缓存器,其与该流入控制器耦合且用于缓冲该低优先级数据,其中该高优先级数据没有被缓存。该发明还公开了一种网络组件,包括流入控制器,其用于接收包括高优先级数据和低优先级数据的数据流,和流入缓存器,其与该流入控制器耦合且用于接收、缓存和发送该低优先级数据,并且进一步用于接收流控制指示,其中该流入缓存器根据该流控制指示而改变从该流入缓存器发送的低优先级数据的量。

聚类8主要指的是"通信协议中地址分配"技术,代表性专利是US7986700B2,其名称为"虚拟第二层及使其可扩展的机制"。该专利包含一种设备,此设备包括服务网络及在经由第二层网络上的多个边缘节点耦合到服务网络的位于多个不同物理位置上的多个第二层,其中所述边缘节点用于维护第二层网络上的多个主机的多个互联网协议(IP)地址,且其中每个第二层网络

第四章 专利引用论文视角下的科学对技术的影响

中的主机的 IP 地址由其他第二层网络映射成主机的相同第二层网络中的每个边缘节点的媒体接入控制（MAC）地址。

聚类 9 主要指的是"信息传输的方法"技术，代表性专利是 US8730887B2，其名称为"一种实现信息传输的方法、装置及系统"。该发明实施方式提供了一种实现信息传输的方法，该方法包括：基站接收用户设备通过增强专用信道 E-DCH 传输承载上报的信息，根据收到的信息携带的标识信息确定基站所接收信息对应的用户设备。该发明实施方式同时还提供了一种实现信息传输的系统及基站，实现了在用户设备与基站之间通过 HSUPA 来传输随机接入数据时，基站能够确定收到的数据是哪个用户设备发送上来的，从而确保采用 HSUPA 实现随机接入的传输方案能够实施。

聚类 10 主要指的是"唤醒接收器通信的方法"技术，代表性专利是 US10342064B2，其名称为"允许不兼容接收器识别的唤醒接收器方法"，用于格式化和发送用于具有唤醒接收器电路的唤醒信号的电子设备的方法和系统。具体在发送低功率唤醒信号时，该唤醒信号包括唤醒帧，其中唤醒帧包括可由遗留电子设备解码的遗留前导和可由非遗留电子设备中的唤醒接收电路解码的唤醒包。这里的遗留前导，包括被至少一个遗留电子设备探测到的信息，表明唤醒帧不是至少一个遗留电子设备的有效帧，如遗留电子设备是 IEEE 802.11n/ac/ax 设备。

聚类 11 主要指的是"无线通信系统中资源分配"技术，代表性专利是 US8254942B2，其名称为"在正交频分多址通信系统中操作基站的方法"，涉及为资源请求确定由未分配的无线电资源组成的资源分配。该通信系统包括用于资源分配的系统和方法，其中用于操作基站的方法包括接收对移动台的无线电资源的资源请求，并将未分配的无线电资源的指示发送到该移动台；此外，还为资源请求确定资源分配，并将资源分配传送到移动站，这里的资源分配包括未分配的无线电资源和若干无线电资源。

聚类 12 主要指的是"发送机"技术，代表性专利是 US8320849B2，其名称为"发送机"，该发明通过多个天线发送信号，包括发送部和品质信息接收部。其中，发送部是根据所输入的信号（依据通信时间段切换相对于向至少一个所述天线的输出的初始相位的大小），以提供初始相位，并且按成为输出目标的每

论文专利互引下的科学和技术之间的联系研究

个所述天线及每个通信时间段或者每个通信频率，提供延迟；品质信息接收部是从该通信对方的终端获得由所述发送部发送的信号的接收品质信息。该聚类涉及技术原始专利权人主要是日本夏普株式会社的专利，后期专利权统一转移到了华为技术有限公司。

聚类13主要指的是"通信网络中用于关联移动装置的方法"技术，代表性专利是US10111163B2，其名称为"用于控制面和数据面中的虚拟化功能的系统和方法"，提供了用于在通信网络如第五代无线通信网络中管理网络切片的方法和装置，可以提供与多个网络切片分离的管理面。其中驻留在管理面中的连接管理器接收移动装置要与通信网络相关联的指示，而连接管理器可以驻留在接入节点处或核心网络中，最终网络切片被确定，并且连接管理器向一个或更多个网络节点传送指令以将移动装置与网络切片相关联。

表 4-11 专利共被引聚类分析

标志性专利	聚类	代表性文献
US9031240B2 US8144877B2	#1	us20070249352a1、us20080188200a1、us20080184032a1
US8391262B2 US9883487B2	#2	us20060126565a1、us20050043035a1、us20060126584a1
US10448285B2 US10517082B2	#3	us20130251058a1、us20100034310a1、us20100195594a1
US8588168B2 US9143295B2	#4	cn1728695a、us20050058089a1、us20080123616a1
US9386116B2 US9628579B2	#5	us20080189360a1、us20100202450a1、cn101141418a
US8532983B2 US8532998B2	#6	us20080195383a1、us20030200092a1、us20100070270a1
US7675945B2 US7986700B2	#7	us20070211750a1、cn1770673a、us20030117899a1
US8897303B2 US9160609B2	#8	us7072337b1、us20110075667a1、us20040081203a1

续表

标志性专利	聚类	代表性文献
US8730887B2 US8780822B2	#9	us20080273610a1、us20060114877a1、cn1790971a
US10342064B2 US10445107B2	#10	us20130279382a1、us6622251b1、us20100260159a1
US8130780B2 US8254942B2	#11	wo2006137708a1、cn1536794a、us20070097910a1
US8320849B2 US8111743B2	#12	us20050220199a1、us6131016a、cn1320308a
US10111163B2 US10212589B2	#13	us20140269295a1、us20130007232a1、us20170079059a1

3. 华为技术进步中科学-技术间的互动

本部分主要采用论文-专利混合共被引方法实现科学-技术间的互动研究。在实现论文-专利混合共被引网络的基础上，进一步采用聚类的方法对科学-技术间互动影响的华为技术类别进行区分，进而采用聚类中的论文/专利的施引专利，也就是华为具体的技术专利文献，进行标引表示具体聚类的类别，见图4-7。

正如表4-6高被引文献分析和表4-9高被引专利分析中所示，相对于专利的被引频次而言，文献的被引频次相对较低。首先，高被引文献的峰值为13次，高被引专利的峰值则是26；其次，在大于10次的403篇被引文献和专利中，仅有2篇是文献，其余401篇都是专利。

如图4-8所示，同样采用VOSviewer自带的密度聚类算法，论文-专利共被引网络可以形成12个聚类。这里依然借鉴TF*IDF算法进一步计算施引专利中TF*IDF值较高的专利，作为该聚类的标志性专利，一方面表征具体聚类的核心内容，另一方面根据标志性专利的研究内容，确定聚类的标签。

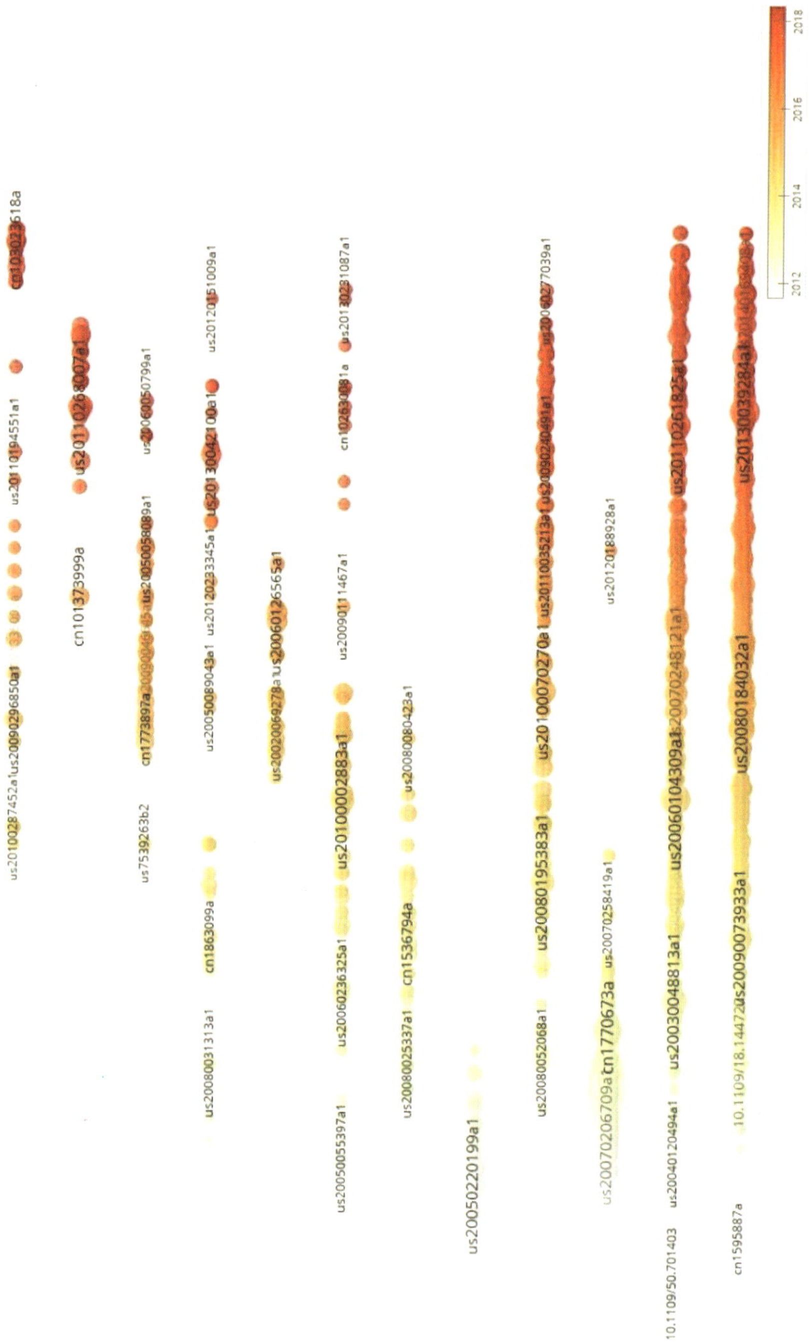

图4-7 华为公司论文-专利混合共被引分析(时间视图)

第四章 专利引用论文视角下的科学对技术的影响

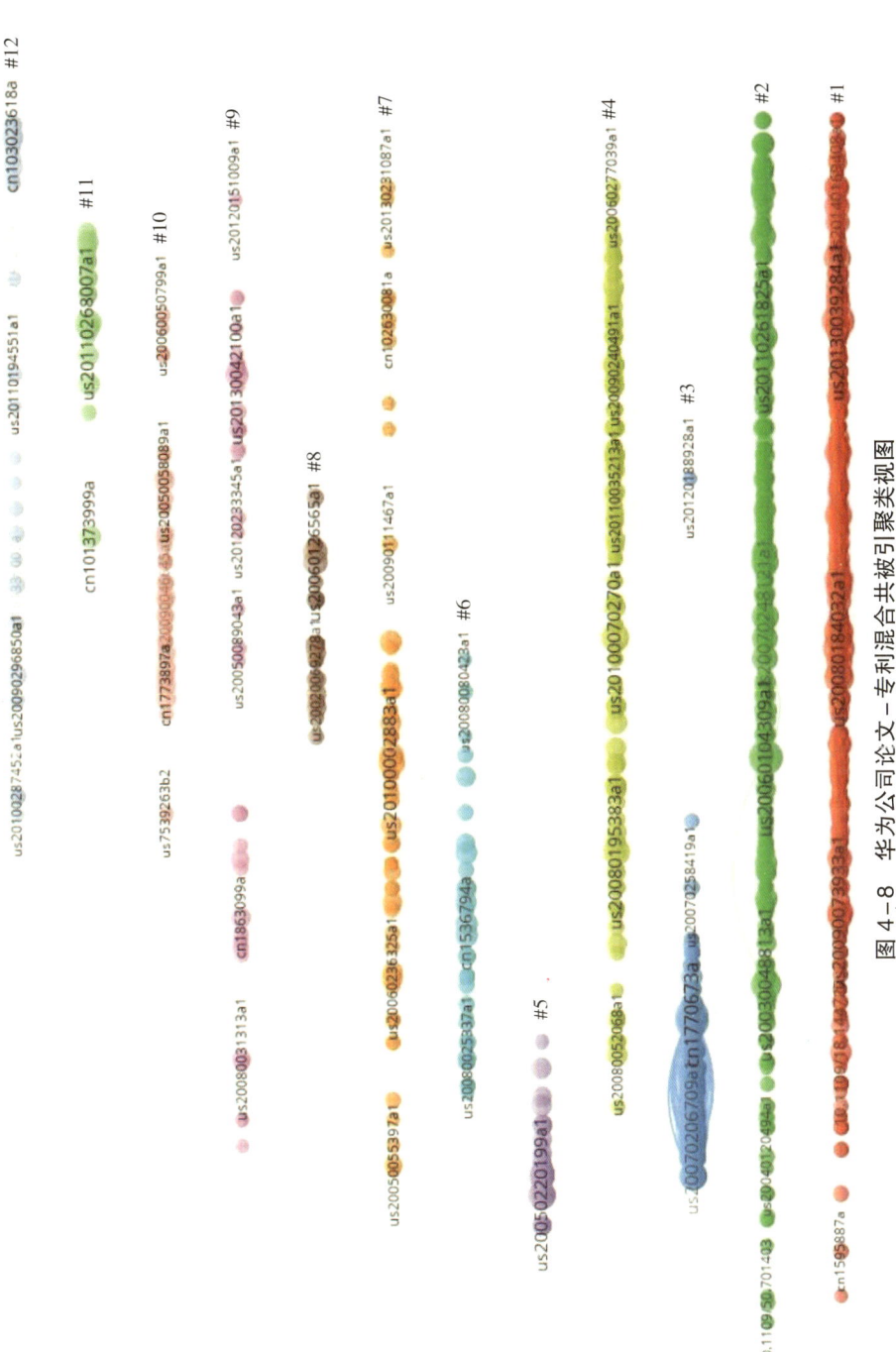

图 4-8 华为公司论文-专利混合共被引聚类视图

79

如表4-12所示，聚类1主要指的是"信息传输的方法"技术，代表性专利是US8730887B2，具体内容详见专利共被引聚类中的聚类9。该聚类1的主要内容，是由专利共被引聚类1、聚类3、聚类5、聚类9、聚类10，以及文献共被引聚类7的内容组成，综合聚类的内容，更适合采用原专利共被引聚类中的聚类9的内容表达。

聚类2主要指的是"通信协议中地址分配"技术，代表性专利是US7986700B2，具体内容详见专利共被引聚类中的聚类8。该聚类2的主要内容，是由专利共被引聚类8和聚类13的内容组成，综合聚类的内容，更适合采用原专利共被引聚类中的聚类8的内容表达。

聚类3主要指的是"复用数据流"技术，代表性专利是US7986700B2，具体内容详见专利共被引聚类中的聚类7。该聚类3的主要内容，是由专利共被引聚类7的内容组成，故而采用原专利共被引聚类中的聚类7的内容表达。

聚类4主要指的是"音频/语音信号的编码/解码"技术，代表性专利是US8532998B2，具体内容详见专利共被引聚类中的聚类6。该聚类4的主要内容，是由专利共被引聚类6的内容组成，故而采用原专利共被引聚类中的聚类6的内容表达。

聚类5主要指的是"发送机"技术，代表性专利是US8320849B2，具体内容详见专利共被引聚类中的聚类12。该聚类5的主要内容，是由专利共被引聚类12的内容组成，故而采用原专利共被引聚类中的聚类12的内容表达。

聚类6主要指的是"无线通信系统中资源分配"技术，代表性专利是US8254942B2，具体内容详见专利共被引聚类中的聚类11。该聚类6的主要内容，是由专利共被引聚类11，以及文献共被引聚类1、文献共被引聚类4和文献共被引聚类761的内容组成，这里采用原专利共被引聚类中的聚类11的内容表达。

聚类7主要指的是"密钥生存的方法及系统"技术，代表性专利是US7936880B2，其名称为"密钥衍生方法、设备及系统"，公开了一种密钥的衍生方法、生成设备和系统的技术专利。

聚类8主要指的是"无线局域网网关"技术，代表性专利是US8391262B2，具体内容详见专利共被引聚类中的聚类2。该聚类8的主要内容，是由专利共被引聚类 2 的内容组成，故而采用原专利共被引聚类中的聚类 2 的内容表达。

聚类 9 主要指的是"信号发送装置和信号处理系统"技术，代表性专利是 US8254471B2，其名称为"远端串扰抵消方法、装置及信号发送装置和信号处理系统"，公开了一种远端串扰抵消方法，主要包括采用自适应滤波的方式对联合发送信号进行串扰抵消预编码，通过接收端上报的噪声统计量相关值所间接体现的接收信号中串扰分量的影响，对滤波参数值的自适应变化进行正确的导向。

聚类 10 主要指的是"通信系统中的序列分配、处理"技术，代表性专利是 US9143295B2，具体内容详见专利共被引聚类中的聚类 4。该聚类 10 的主要内容，是由专利共被引聚类 4 的内容组成，故而采用原专利共被引聚类中的聚类 4 的内容表达。

聚类 11 主要指的是"多点传输的通信系统和方法"技术，代表性专利是 US10090890B2，其名称为"在通信系统中用于多点传输的系统和方法"，提供了一种用于多点传输操作的方法，包括根据用户设备的运行状态信息修改用于向用户设备进行多点传输的无线电承载的配置，根据修改的配置重新配置无线电承载，并且使用重新配置的无线电承载启动到用户设备的多点传输方法和系统。

聚类 12 主要指的是"信息比特发送方法和系统"技术，代表性专利是 US10277361B2，其名称为"一种信息比特发送方法、装置和系统"，实施公开了一种信息比特发送方法、装置及系统。

表 4-12　华为公司论文-专利混合共被引聚类分析

标志性专利	聚类	代表性文献
US8730887B2	#1（#Patent1&Patent3&Patent5&Patent9&Patent10） （#Paper7）	10.1109/18.144727、 cn101114868a、 us20070249352a1、 us20130039284a1、 us5598417a
US7986700B2	#2 （#Patent8&Patent13）	us20060104309a1、 us20130143574a1、 us20140269295a1

续表

标志性专利	聚类	代表性文献
US7986700B2	#3 （#Patent7）	us20030117899a1、 cn1770673a、 us20070211750a1
US8532998B2	#4 （#Patent6）	us20080195383a1、 us20090240491a1、 us20100070270a1
US8320849B2	#5 （#Patent12）	us20050220199a1、 us20070004465a1、 us6131016a
US8254942B2	#6 （#Patent11） （#Paper1&Paper4&Paper761）	10.1109/mcom.2003.1235605、 10.1109/mcom.2004.1341263、 10.1109/tcomm.2005.858655、 10.1109/vetecf.2007.393、 cn1536794a、us20070097910a1、 wo2006137708a1
US7936880B2	#7	us20070224993a1、 us20100002883a1
US8391262B2	#8 （#Patent2）	us20060126565a1、 us20060126584a1、 us20050043035a1
US8254471B2	#9	cn1863099a、 cn1386323a cn1689072a
US9143295B2	#10 （#Patent4）	cn1728695a、 us20050058089a1、 us20070183386a1、 us20080123616a1
US10090890B2	#11	us20090185535a1、 us20110268007a1、 us20130153298a1

第四章　专利引用论文视角下的科学对技术的影响

续表

标志性专利	聚类	代表性文献
US10277361B2	#12	cn101335002a、us20030043928a1

注：(#Patent1)表示专利共被引聚类中的聚类结果；(#Paper1)表示文献共被引聚类中的聚类结果。

4. 华为技术进步中多科学－多技术间的互动

本部分借助关联规则挖掘方法，具体采用 Apriori 算法实现了多科学－多技术间的互动分析，并借助 3 个指标，分别是支持度、置信度和提升度的分析，挖掘出了具体科学与具体技术，或者具体科学与具体科学，抑或是具体技术与具体技术之间的互动强度，见表 4-13。

表 4-13　多科学－多技术之间互动强度分析

序号	多科学－多技术间互动	支持度	置信度	提升度
1	[CN1293843A] → [US20020068593A1]	0.001	1	739.312
2	[US20030117899A1、US20060176905A1、US20090254685A1、US7188189B2、US20040066775A1、US5434848A] → [US20060015507A1、US6496477B1、US20070211750A1、US6049541A、US7007099B1]	0.001	1	739.312
3	[US20030117899A1、US20060176905A1、US6496477B1、US6049541A、US20090254685A1、US20040066775A1] → [US20060015507A1、US20070211750A1、US7188189B2、US7007099B1、US5434848A]	0.001	1	739.312
4	[US20030117899A1、US20060176905A1、US6049541A、US20090254685A1、US7007099B1、US20040066775A1] → [US20060015507A1、US6496477B1、US20070211750A1、US7188189B2、US5434848A]	0.001	1	739.312
5	[US20030117899A1、US20060176905A1、US6049541A、US20090254685A1、US7188189B2、US20040066775A1] → [US20060015507A1、US6496477B1、US20070211750A1、US7007099B1、US5434848A]	0.001	1	739.312

续表

序号	多科学-多技术间互动	支持度	置信度	提升度
6	[US20030117899A1、US20060176905A1、US6496477B1、US20090254685A1、US7007099B1、US20040066775A1]→[US20060015507A1、US20070211750A1、US6049541A、US7188189B2、US5434848A]	0.001	1	739.312
7	[US20030117899A1、US20060176905A1、US6496477B1、US20090254685A1、US7188189B2、US20040066775A1]→[US20060015507A1、US20070211750A1、US6049541A、US7007099B1、US5434848A]	0.001	1	739.312
8	[US20030117899A1、US20060176905A1、US20090254685A1、US7188189B2、US7007099B1、US20040066775A1]→[US20060015507A1、US6496477B1、US20070211750A1、US6049541A、US5434848A]	0.001	1	739.312
9	[US20030117899A1、US20060176905A1、US6496477B1、US6049541A、US20040066775A1、US5434848A]→[US20060015507A1、US20070211750A1、US20090254685A1、US7188189B2、US7007099B1]	0.001	1	739.312
10	[US20030117899A1、US20060176905A1、US6049541A、US7007099B1、US20040066775A1、US5434848A]→[US20060015507A1、US6496477B1、US20070211750A1、US20090254685A1、US7188189B2]	0.001	1	739.312

从表4-13可以看出，尽管这些技术出现的频率并不高，但是二者存在很强的互动作用。这里以单项专利鉴定为一项技术，采用序号2的互动为例。

这11项技术US20030117899A1、US20060176905A1、US20090254685A1、US7188189B2、US20040066775A1、US5434848A、US20060015507A1、US6496477B1、US20070211750A1、US6049541A、US7007099B1整体在华为引用的专利技术中支持度为0.001，但是这6项技术US20030117899A1、US200 60176905A1、US20090254685A1、US7188189B2、US20040066775A1、US5434848A一旦被华为所引用，意味着后边的5项技术US20060015507A1、US6496477B1、US20070211750A1、US6049541A、US7007099B1必然也要被引

第四章 专利引用论文视角下的科学对技术的影响

用,其置信度为1。此外,这6项技术 US20030117899A1、US20060176905A1、US20090254685A1、US7188189B2、US20040066775A1、US5434848A 和后边的5项技术 US20060015507A1、US6496477B1、US20070211750A1、US6049541A、US7007099B1 具有很强的相关性,其提升度高达739.312。

5. 小结

在科学-技术间的互动分析中,项目组采用的是论文-专利混合共被引分析方法,并采用知识图谱的方式进行了可视化分析,之后采用聚类分析,对论文-专利混合共被引网络进行了聚类分析。

在论文-专利混合共被引网络分析中,项目组通过对网络节点的定量分析和指标计算,可以确定华为技术进步中有重要影响的科学文献或技术专利;通过对网络连线的定量分析和指标计算,可以确定华为技术进步中有重要影响的科学文献对、技术专利对,或者科学文献-技术专利对;通过对网络进行聚类分析,可以确定华为技术进步中有重要影响的科学文献群、技术专利群,或者科学文献-技术专利群。

在聚类分析中,项目组可以进一步对文献共被引聚类、专利共被引聚类和论文-专利混合共被引聚类进行对比,发现华为不同技术领域对先有知识(prior art,可以进一步划分为先有科学、先有技术,以及先有科学-先有技术)的依赖。从中不难发现,华为技术的进步主要依赖于先有技术的主持和发展,但是先有科学在华为技术的进步中也有重要贡献。

基于表4-12的分析,项目组可以将华为技术界定为12个子领域,其中8个技术领域都在表4-11中有体现,另外4个子领域则完全是因为引文网络中增加了引用的科学文献,导致网络结构发生重大变化,导正新增加了4个子技术领域(表4-12中聚类7、聚类9、聚类11和聚类12)。

尤其是聚类9,包括1篇科学论文10.1109/78.149989,是由法国电信公司的GILLOIRE, A 和美国哥伦比亚大学的 VETTERLI, M 合作在1992年发表在 *IEEE TRANSACTIONS ON SIGNAL PROCESSING* 的 "Adaptive Filtering in Subbands with Critical Sampling - Analysis, Experiments, and Application To Acoustic Echo Cancellation",研究的是一种实时识别大脉冲信号的新技术子带自适应滤波,

类似于声回波消除中的信号。该论文在聚类 9 中共计出现 4 次，而且是唯一被引用的科学论文，在连接该聚类中其他技术专利方面起到重要的作用。

另外，聚类 6 是由专利共被引聚类 11 和文献共被引聚类 1、文献共被引聚类 4 和文献共被引聚类 761 形成的。尽管该聚类主要是由专利共被引聚类 11 的专利组成的，但是文献在该聚类的形成中也起到了重要作用。其中，1 篇 Doi 为 "10.1109/VETECF.2007.393" 的论文，是由华为公司 McBeath，Sean 等人及摩托罗拉 Bi，Hao 等多位作者合作发表在 2007 年会议 "IEEE 66TH VEHICULAR TECHNOLOGY CONFERENCE" 的论文 "Efficient bitmap signaling for VoIP in OFDMA"，详细描述了目前在 B3G（超越 3G）标准开发中，通过将 VoIP 用户分组到调度组中，为组分配一组共享的时频资源，并使用位图信令分配资源来有效控制 VoIP 传输的几种改进机制。该论文在聚类 6 中出现了 7 次，然而其在文献共被引分析中，根本没有体现，也是因为该论文是专利引用的唯一科学文献，导致其与其他论文没有共被引关系，而在专利共被引网络中也没有体现，但是在论文–专利混合共被引中却因为其多次关联了多项专利文献，而成为重要的桥梁。此外，值得注意的一点是：该论文在 WoS 中的被引频次是 0 次，而在这个华为的子技术领域 6 中却是重要的、引用较高的文献。

二、苹果公司深度分析

在本部分，以苹果公司授权的专利进行深度分析，依据专利引用的论文、专利引用的专利、专利引用论文–专利、专利引用多论文–多专利进行分析，分别测度华为技术进步中科学的影响、技术进步中技术的影响、技术进步中科学–技术间的互动影响、技术进步中多科学–多技术间的互动影响，具体采用的是文献共被引分析法、专利共被引分析法、论文–专利混合共被引分析法、多论文–多专利关联规则挖掘。

1. 苹果技术进步中科学的影响

如图 4-9 所示，苹果 2010—2019 年的技术进步中，科学的影响主要是体现在 2013—2017 年。表 4-14 选择出现频次较高的前 10 篇文献进行分析。

第四章 专利引用论文视角下的科学对技术的影响

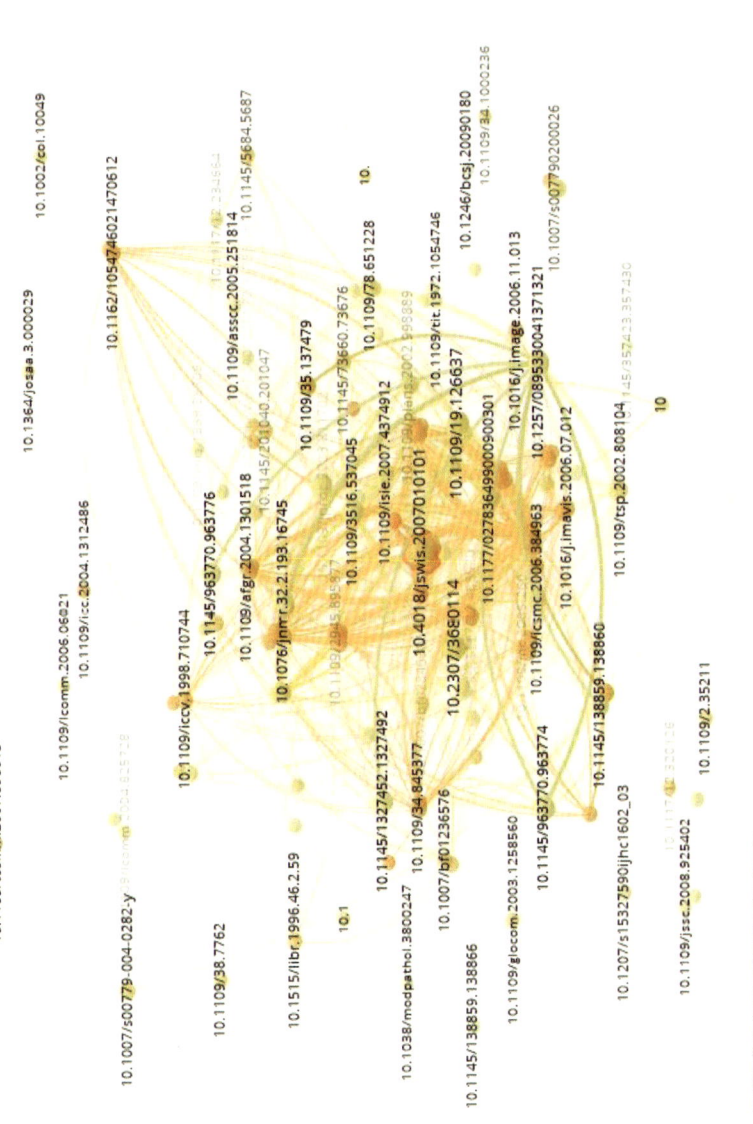

图4-9 苹果文献共被引分析（时间视图）

表 4-14　苹果引用的高被引文献（被引频次 > 64 次）

频次	DOI	作者	标题	文献主体	发表年	WoS引用
75	10.2307/3680114	RUBINE, D; MCAVINNEY, P	PROGRAMMABLE FINGER-TRACKING INSTRUMENT CONTROLLERS	COMPUTER MUSIC JOURNAL	1990 年	7
68	10.4018/jswis.2007010101	Gruber, Thomas	Ontology of folksonomy: A mash-up of apples and oranges	INTERNATIONAL JOURNAL ON SEMANTIC WEB AND INFORMATION SYSTEMS	2007 年	98
67	10.1145/1989734.1989744	Berry, Pauline M.; Gervasio, Melinda; Peintner, Bart; Yorke-Smith, Neil	PTIME: Personalized Assistance for Calendaring	ACM TRANSACTIONS ON INTELLIGENT SYSTEMS AND TECHNOLOGY	2011 年	27
66	10.1007/3-540-46439-5_6	Mitra, P; Wiederhold, G; Kersten, M	A graph-oriented model for articulation of ontology interdependencies	ADVANCES IN DATABASE TECHNOLOGY-DEBT 2000, PROCEEDINGS	2000 年	81
66	10.1109/mis.1999.757623	Mozer, MC	An intelligent environment must be adaptive	IEEE INTELLIGENT SYSTEMS & THEIR APPLICATIONS	1999 年	41
66	10.1518/001872097778940605	Radwin, RG; Jeng, OJ	Activation force and travel effects on overexertion in repetitive key tapping	HUMAN FACTORS	1997 年	26
65	10.1006/ijhc.1995.1081	Gruber, TR	Toward principles for the design of ontologies used for knowledge sharing	INTERNATIONAL JOURNAL OF HUMAN-COMPUTER STUDIES	1995 年	2727
65	10.1006/knac.1993.1008	GRUBER, TR	A TRANSLATION APPROACH TO PORTABLE ONTOLOGY SPECIFICATIONS	KNOWLEDGE ACQUISITION	1993 年	6030

续表

频次	DOI	作者	标题	文献主体	发表年	WoS引用
65	10.1109/2.179153	CUTKOSKY, MR; ENGELMORE, RS; FIKES, RE; GENESERETH, MR; GRUBER, TR; MARK, WS; TENEBAUM, JM; WEBER, JC	PACT - AN EXPERIMENT IN INTEGRATING CONCURRENT ENGINEERING SYSTEMS	COMPUTER	1993年	119
65	10.1109/93.556459	Quek, FKH	Unencumbered gestural interaction	IEEE MULTIMEDIA	1996年	28

被引频次最高（75次）的文献是1990年美国卡内基梅隆大学Rubine, D 和 Mcavinney, P 发表的 "Programmable Finger-Tracking Instr-Ument Controllers"，主要是提出了一种可编程手指跟踪仪表控制器。该文在WoS中是属于 "Computer Science, Interdisciplinary Applications; Music" 分类，即 "计算机科学；交叉学科应用；音乐"，且在WoS中仅仅被引用了7次，远远低于其在苹果授权专利中引用的次数，体现了其在技术方面的影响远甚于科学领域。

被引频次次高（68次）的文献是2007年美国TomGruber.org 和 RealTravel.com 的 Gruber, Thomas 发表的 "Ontology of Folksonomy: A Mash-Up of Apples and Oranges"，文中提到：随着语义网的成熟和社交网的发展，将语义网技术应用于社交网的数据具有越来越大的价值。作者尝试阐明本体论和大众分类法的不同角色，并预想一些将这两种思想结合在一起的新工作——脱离大众分类法的本体论。该文在WoS中是属于 "Computer Science, Artificial Intelligence; Computer Science, Information Systems" 分类，其在WoS中被引用了98次。

被引频次第三高（67次）的文献是2011年美国SRI人工智能研究中心（SRI Int, Ctr Artificial Intelligence）的Berry, Pauline M. 等人发表在 *ACM TRANSACTIONS ON INTELLIGENT SYSTEMS AND TECHNOLOGY* 增刊上的 "PTIME: Personalized Assistance for Calendaring"，提出：PTIME（personal Time

论文专利互引下的科学和技术之间的联系研究

Management)是一款学习认知助手代理,可以帮助用户处理电子邮件会议请求、预约场地和安排活动,并详细概述了该学习认知助手代理系统的设计方法。该文在 WoS 中是属于"Computer Science, Information Systems; Computer Science, Theory & Methods"(计算机科学中信息系统;计算机科学中理论与方法)分类,其在 WoS 中被引用了 27 次,且其获得了美国国防部 DARRA 的项目资助(项目号:FA8750-07-D-0185/0004),也远远低于在苹果专利中的引用次数 67 次,体现了其在技术方面的影响远甚于科学领域。

在苹果引用最高的 10 篇文献中,有多达 5 篇文献被苹果授权专利的引用次数,远高于在 WoS 中的被引次数,意味着部分科学文献的真正影响,若仅仅通过传统的文献计量指标,即仅仅通过 WoS、Scopus 等传统文献数据库计量,会有极大的偏差。

其中,还有 1 篇文献被引 66 次,其 DOI 号为 "10.1518/001872097778940605",值得关注。该文献是美国威斯康辛大学的 Radwin, RG 和 Jeng, OJ 1997 年发表在 *HUMAN FACTORS* 上的文章 "Activation force and travel effects on overexertion in repetitive key tapping",研究的是重复击键时过度用力的激活力和过程影响。该文献具体研究了按键开关的设计参数,包括制造力、制造行程和过行程,以最大限度地降低操作人员施加的力,同时最大限度地提高击键速度。此外,作者设计、制造了一种机械装置,用于独立控制按键开关参数,并使用应变式测力元件直接测量重复击键时手指的出力。该篇文献是属于"Behavioral Sciences; Engineering, Industrial; Ergonomics; Psychology, Applied; Psychology"学科,即行为科学、工业工程、人体工程学、应用心理学,但是在苹果公司授权的专利中竟然被引用,且引用高达 66 次,同样远远高于其在 WoS 中的被引次数 15。

另外 1 篇值得关注的文献被引频次 65 次、DOI 为 "10.1109/93.556459"。该文献是美国伊利诺斯州大学的 Quek, FKH 1996 年发表在 *IEEE MULTIMEDIA* 上的 "Unencumbered gestural interaction",研究的是不受干扰的手势交互。具体文献是通过建立一个 3D 交互模型,以确定手势和手部运动动力学,并识别手部姿势;之后,扩展变值逻辑和基于规则的归纳算法以提升手势姿态的归纳学习,产生 94% 的识别率;最后,通过手指鼠标建立一个徒手指向系统,实时检测指向的手姿势和跟踪移动的接近指尖。该文献在 WoS 中属于"Computer

第四章 专利引用论文视角下的科学对技术的影响

Science, Hardware & Architecture; Computer Science, Information Systems; Computer Science, Software Engineering; Computer Science, Theory & Methods"学科,即硬件与架构方面的计算机科学、信息系统方面的计算机科学、软件工程方面的计算机科学、理论与方法方面的计算机科学,且在 WoS 中被引用了 11 次,也远远低于在苹果授权专利中的 65 次。

如表 4-15 所示,苹果引用的科学文献其共现频次较高。其中,位列第一的 DOI 为 "10.4018/jswis.2007010101",其共现频次为 3874 次;位列第二的 DOI 为 "10.1145/1989734.1989744",其共现频次为 3864 次;位列第三的是 DOI 为 "10.1109/slt.2008.4777842",其共现频次为 3835 次。其中,前 2 篇高共现频次的文献,也都是属于高被引频次的文献。

位列第三的 "10.1109/slt.2008.4777842",是美国 SRI 人工智能研究中心(SRI Int, Ctr Artificial Intelligence)的 Tur, G 等人及美国斯坦福大学的 Dowding, J 等人合作发表在 2008 年发表在会议 IEEE Workshop on Spoken Language Technology 上的论文 "The CALO Meeting Speech Recognition and Understanding System",研究的是 CALO 会议语音识别与理解系统。在文章中,作者们研究了 CALO-MA 体系结构及其语音识别和理解组件,包括实时和离线语音抄写、对话动作分割和标记、问答对识别、行动项识别、决策提取和总结。该文献属于 "Computer Science, Artificial Intelligence Computer Science, Software Engineering Telecommunications" 类别,即人工智能方向的计算机科学、软件工程方向的计算机科学、电信,并且获得了美国国防部 DARPA 项目资助,其项目号为 FA8750-07-D-0185。该文献在 WoS 中仅仅被引用了 12 次,而在苹果授权专利中竟被引用了 64 次,且与 3835 篇文献有共现关系。

位列第四的是 DOI 为 "10.1016/0167-6393(95)00008-c" 的文献,是美国麻省理工学院的 GLASS, J、FLAMMIA, G 等人于 1995 年发表在期刊 *SPEECH COMMUNICATION* 上的 "Multilingual Spoken-Language Understanding in the MIT Voyager System",研究的是 MIT 开发的多语言理解系统,可以实现与用户进行口头对话。该系统可以提供位于该区域内的物体(如餐馆、酒店、银行、图书馆)之间的距离、旅行时间或方向的信息,以及物体本身的地址、电话号码或位置等信息,且已经实现用于日语和意大利语,正在移植到法语和德语的过程中。该文献属于"Acoustics；Computer Science，Interdisciplinary Applications"类别，即声学、计算机科学方向下的跨学科应用。该文献在WoS中被引用了46次，而在苹果授权专利中被引用了61次，且与3804篇文献有共现关系。

位列第九的是DOI为"10.1109/97.661561"的文献，是美国伊利诺斯州大学的Ansari，R、Kahn，D和Macchi，MJ 1998年发表在 *IEEE SIGNAL PROCESSING LETTERS* 上的"Pitch Modification of Speech Using a Low-Sensitivity Inverse Filter Approach"，描述了一种简单有效的修改所记录语音单位音高的方法。该方法是为了克服有前途剩余激发线性预测（RELP）技术的一些局限性而开发的。关键的区别在于，新方法中滤波器参数的选择是由降低螺距修正灵敏度的需要驱动的，而不是像RELP中那样创建能量最小的残余。该方法的语音修正质量优于RELP方法，但对音调标记错误的敏感性较RELP方法低。该文献属于"Engineering，Electrical & Electronic"类别，即电子电气工程。该文献在WoS中仅仅被引用了2次，而在苹果授权专利中被引用了54次，且与3695篇文献有共现关系。

位列第十的是DOI为"10.1109/89.232617"的文献，是美国IBM公司的Bahl，Lalit R.等人1993年发表在 *IEEE TRANSACTIONS ON SPEECH AND AUDIO PROCESSING* 上的"Multonic Markov Word Models for Large Vocabulary Continuous Speech Recognition"，提出了一种新的隐马尔可夫模型，用于自动语音识别系统中单词的声学表示。这些模型由声学上称为fenones的子词单元组合而成，自动从一个词的一个或多个发音样本中派生出来。鉴于它们比之前基于fenone的单词模型更灵活，所以提高了对发音变化建模的能力。因此，它们在连续语音的识别方面特别有效且构造相对简单。该文献属于"Acoustics；Engineering，Electrical & Electronic"类别，即声学、电子电气工程。该文献在WoS中也仅仅被引用了2次，而在苹果授权专利中被引用了52次，且与3691篇文献有共现关系。

第四章 专利引用论文视角下的科学对技术的影响

表4-15 苹果共现频次较高文献分析（共现频次>3690次）

共现频次	DOI	作者	标题	文献主体	发表年	WoS引用
3874	10.4018/jswis.2007010101	Gruber, Thomas	Ontology of folksonomy: A mash-up of apples and oranges	INTERNATIONAL JOURNAL ON SEMANTIC WEB AND INFORMATION SYSTEMS	2007年	98
3864	10.1145/1989734.1989744	Berry, Pauline M.; Gervasio, Melinda; Peintner, Bart; Yorke-Smith, Neil	PTIME: Personalized Assistance for Calendaring	ACM TRANSACTIONS ON INTELLIGENT SYSTEMS AND TECHNOLOGY	2011年	27
3835	10.1109/slt.2008.4777842	Tur, G.; Sfolcke, A.; Voss, L.; Dowding, J.; Favre, B.; Fernandez, R.; Frampton, M.; Frandsen, M.; Frederickson, C.; Graciarena, M.; Hakkani-Tur, D.; Kintzing, D.; Leveque, K.; Mason, S.; Niekrasz, J.; Peters, S.; Purver, M.; Riedhammer, K.; Shriberg, E.; Tien, J.; Vergyri, D.; Yang, F.	THE CALO MEETING SPEECH RECOGNITION AND UNDERSTANDING SYSTEM	2008 IEEE WORKSHOP ON SPOKEN LANGUAGE TECHNOLOGY: SLT 2008, PROCEEDINGS	2008年	12
3804	10.1016/0167-6393(95)00008-c	GLASS, J; FLAMMIA, G; GOODINE, D; PHILLIPS, M; POLIFRONI, J; SAKAI, S; SENEFF, S; ZUE, V	MULTILINGUAL SPOKEN-LANGUAGE UNDERSTANDING IN THE MIT VOYAGER SYSTEM	SPEECH COMMUNICATION	1995年	46
3801	10.1006/ijhc.1995.1081	Gruber, TR	Toward principles for the design of ontologies used for knowledge sharing	INTERNATIONAL JOURNAL OF HUMAN-COMPUTER STUDIES	1995年	2727

续表

共现频次	DOI	作者	标题	文献主体	发表年	WoS引用
3794	10.1006/knac.1993.1008	GRUBER, TR	A TRANSLATION APPROACH TO PORTABLE ONTOLOGY SPECIFICATIONS	KNOWLEDGE ACQUISITION	1993年	6030
3745	10.1109/2.179153	CUTKOSKY, MR; ENGELMORE, RS; FIKES, RE; GENESERETH, MR; GRUBER, TR; MARK, WS; TENEBAUM, JM; WEBER, JC	PACT - AN EXPERIMENT IN INTEGRATING CONCURRENT ENGINEERING SYSTEMS	COMPUTER	1993年	119
3705	10.1109/mis.1999.757623	Mozer, MC	An intelligent environment must be adaptive	IEEE INTELLIGENT SYSTEMS & THEIR APPLICATIONS	1999年	41
3695	10.1109/97.661561	Ansari, R; Kahn, D; Macchi, MJ	Pitch modification of speech using a low-sensitivity inverse filter approach	IEEE SIGNAL PROCESSING LETTERS	1998年	2
3691	10.1109/89.232617	Bahl, Lalit R.; Bellegarda, Jerome R.; de Souza, Peter V.; Gopalakrishnan, P. S.; Nahamoo, David; Picheny, Michael A.	Multonic Markov Word Models for Large Vocabulary Continuous Speech Recognition	IEEE TRANSACTIONS ON SPEECH AND AUDIO PROCESSING	1993年	2

如图4-10所示，根据VOSviewer自带的密度聚类算法，文献共被引网络可以形成6个聚类。这里项目组成员在聚类的基础上，借鉴TF*IDF算法进一步计算施引专利中TF*IDF值较高的专利，作为该聚类的标志性专利，一方面表征具体聚类的核心内容，另一方面根据标志性专利的研究内容，确定聚类的标签。

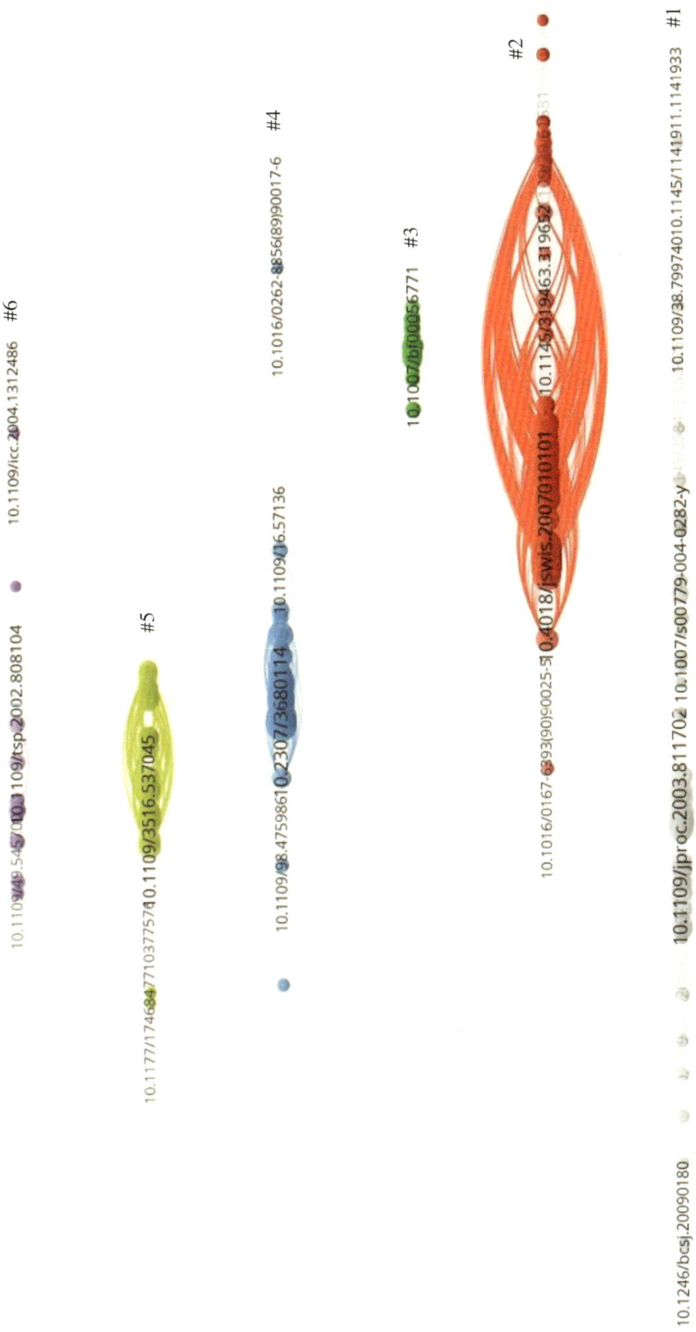

第四章 专利引用论文视角下的科学对技术的影响

图 4-10 文献共被引聚类视图

论文专利互引下的科学和技术之间的联系研究

如表4-16所示，聚类1主要指的是"存储器"相关技术，代表性专利是US8369141B2，其名称为"存储器单元读取阈的自适应估计"，公开了一种用于操作包括多个模拟存储器单元的存储器的方法，具体通过向单元写入第一存储值来将数据存储在存储器中，进而从单元中读取第二存储值，并估计第二存储值的累积分布函数（CDF），之后处理所估计的CDF以计算一个或多个阈值的方法。

聚类2主要指的是"语音输入"技术，代表性专利是US9262612B2，其名称为"使用话音验证的装置存取"，公开了一种装置可经配置以从用户接收语音输入，其中所述语音输入可包含用于存取所述装置的受限特征的命令，并可将所述语音输入与所述用户的话音的声纹（如文本独立声纹）进行比较，以向所述装置验证所述用户。

聚类3主要指的是"物体重现"技术，代表性专利是US9066084B2，其名称为"用于物体重现的方法和系统"，提出了一种用于物体重现的系统和方法，具体系统包括照明单元和成像单元，其中照明单元包括相干光源和放置在从光源向物体传播的照明光的光路中从而在物体上投影出相干随机散斑图案的随机散斑图案生成器，而成像单元被构建成用于对被照明区域的光响应进行检测并且生成图像数据。最终生成的图像数据指示具有被投影的散斑图案的物体，并且因此指示了物体图像中的图案相对于所述图案的参考图像的位移，最终实现对物体的三维映像进行实时重现。

聚类4主要指"触觉追踪与识别"技术，代表性专利US8466881B2，其名称为"用于触觉追踪与识别的方法及其系统"，公开了一种用于当手接近、触摸并在近端感应多点触摸表面上滑动时同时跟踪多个手指和手掌接触的装置和方法，其中直观的手部配置和动作的识别和分类使打字、休息、指向、滚动、3D操作和手写前所未有地集成到一个多功能的、符合人体工程学的计算机输入设备中。

聚类5主要指"移动数据处理"技术，代表性专利US8489669B2，其名称为"移动数据处理系统中用户兴趣分析方法及其系统"，提供了一种完全自动化的网络服务，具体基于位置的服务通常涉及向自动定位的移动接收数据处理系统传输情境位置相关的信息，而具体网络服务与接收数据处理系统进行通信。最终系统提供的服务是增强的基于位置的服务，具体包括地图解决方案、警报、用户之间的新服务共享，以及通过网络服务管理异构设备互操作性的完整用户控制。

聚类6主要指的是"多输入多输出（MIMO）空分多址（SDMA）系统"技术，代表性专利是US8199846B2，其名称为"采用任意预编码参考信号的多用户、多输入、多输出通用参考信令方案"，提供了一种多用户多输入多输出（MU-MIMO）下行波束形成系统，通过发送波束形成矢量有效地提供给用户设备，其中在基站计算空间分离或零强迫发射波束形成器，并用于生成预编码参考信号，这里的预编码参考信号被前馈到应用一个或多个假设检验的用户设备装置。

表4-16 文献共被引聚类分析

标志性专利	聚类	代表性文献
US8369141B2、US8270246B2	#1	10.1109/jproc.2003.811702、10.1109/tit.2002.800499、10.1109/JSSC.2009.2014027
US9262612B2、US9330720B2	#2	10.1006/ijhc.1995.1081、10.1006/ijhc.1994.1081、10.1145/1989734.1989744
US9066084B2、US9582889B2	#3	10.1007/bf00056771、10.1109/34.845377、10.1016/j.patrec.2005.02.008
US8466881B2、US8466883B2	#4	10.2307/3680114、10.1518/001872097778940605、10.1109/CVPR.1996.517058
US8489669B2、US8538685B2	#5	10.1016/s0950-7051（98）00053-7、10.1109/3516.537045、10.1023/A：1019194325861
US8199846B2、US8229019B2	#6	10.1109/tsp.2002.808104、10.1109/25.618181、10.1109/26.634685

2. 苹果技术进步中技术的影响

如图4-11所示，苹果2010—2019年的技术进步中，技术的影响主要是体现在2010—2019年。表4-17选择出现频次较高的前10篇专利进行分析。

论文专利互引下的科学和技术之间的联系研究

图4-11 专利共被引视图

第四章 专利引用论文视角下的科学对技术的影响

表 4-17 高被引专利分析（被引频次 > 842 次）

公开号	频次	标题	申请号	DI 被引次数	同族数	申请人	申请年
US6323846B1	1280	Method and apparatus for integrating manual input	US1999236513A	4274	178	University of Delaware	1999 年
US20060197753A1	1166	Multi-functional hand-held device	US2006367749A	3268	74	Apple Inc	2006 年
US7663607B2	1007	Multipoint touchscreen	US2004840862A	3239	86	Apple Inc	2004 年
US5825352A	938	Multiple fingers contact sensing method for emulating mouse buttons and mouse operations on a touch sensor pad	US1996608116A	2851	1	Logitech Inc	1996 年
US6188391B1	900	Two-layer capacitive touchpad and method of making same	US1998112097A	2346	1	Synaptics Inc.	1998 年
US6690387B2	880	Touch-screen image scrolling system and method	US200134375A	2005	42	Koninklijke Philips Electronics	2001 年
US5880411A	877	Object position detector with edge motion feature and gesture recognition	US1996623483A	2356	22	Synaptics Incorporated	1996 年
US5488204A	873	Paintbrush stylus for capacitive touch sensor pad	US1994324438A	2212	16	Synaptics Incorporated	1994 年
US20060026521A1	868	Gestures for touch sensitive input devices	US2004903964A	3376	34	Apple Computer Inc	2004 年

被引频次最高（1280 次）的专利是 1999 年美国特拉华大学的 Westerman, Wayne 和 Elias, John G. 发明的"一种人工输入积分的方法和装置"。该专利公开了一种用于当手接近、触摸并在近端感应、顺应和灵活的多点触摸表面上滑动时同时跟踪多个手指和手掌接触的方法和装置，其中表面由可压缩垫层、电介质层、电极层和电路层组成。在该专利技术的基础上，发明人 Westerman,

Wayne[①]和 Elias, John G. 创建了著名的手势识别公司 FingerWorks[②],之后该公司被苹果公司于 2005 年 6 月收购,并被苹果公司将此技术成功地应用到 iPhone 系列产品中。其在 DI 中共被引用了 4274 次,其同族专利数量为 178 项,在 DI 中的领域影响力和综合专利影响力都是 100,不过该发明专利并未在中国大陆布局。

被引频次次高(1166 次)的专利是 2006 年苹果公司的 Hotelling, Steven 申请的发明"多功能手持设备"。该项发明公开了一种多功能手持设备,其能够基于使用设备的数据来配置用户输入,同时该多功能手持设备最多有一些物理按钮、键或开关,从而使其显示屏可以大大增大。另外,该多功能手持设备还包含了各种输入配件,包括触敏屏幕、触敏外壳、显示屏致动器、音频输入等等。该发明专利在 DI 中共被引用了 3268 次,其同族专利数量为 74 项,在 DI 中的领域影响力和综合专利影响力都是 100。

被引频次第三高(1007 次)的专利是 2004 年 Hotelling, Steve、Strickon, Joshua A. 和 Huppi, Brian Q. 申请的"多点触屏"。该发明公开了一种具有透明传感介质的触摸面板,其用于检测触摸面板上在不同位置处同时发生的多点触摸或邻近触摸,并且为多点触摸中的每点触摸产生表示了触摸面板上触摸位置的不同信号。该发明在 DI 中共被引用了 3239 次,其同族专利数为 86,在 DI 中的领域影响力和综合专利影响力也都是 100。

综合苹果引用最高的 10 项发明专利,都是与触摸屏相关的技术。除了上面详细分析的 3 项发明以外,第四项 US5825352A 研究的是"用于在触摸传感器垫上模拟鼠标按钮和鼠标操作的多指接触感应方法"、第五项 US6188391B1 公开了"两层电容触摸板及其制作方法"、第六项 US6690387B2 发明了"触摸屏图像滚动系统及方法"、第七项 US5880411A 研究的是"具有边缘运动特征和手势识别的目标位置检测器"、第八项 US5488204A 研究的是"电容式触摸感应垫用画笔触控笔"、第九项 US20060026521A1 和第十项 US5483261A 都是关于"触控输入设备的手势识别方法和装置"。

---

① https://apple.fandom.com/wiki/Wayne_Westerman。

② https://apple.fandom.com/wiki/FingerWorks。

第四章 专利引用论文视角下的科学对技术的影响

苹果引用最高的 10 项发明专利，除了第一项 US6323846B1 是由大学申请的，其余 9 项发明都是企业申请的。此外，这 10 项发明专利在 DI 中也是属于高被引专利，每项专利的被引次数都要超过 2000 次，其中第一项 US6323846B1 在 DI 的被引次数更是高达 4274 次。

如表 4-18 所示，苹果公司引用的专利，存在大量的专利共被引现象，其中最高共现的 1 件专利是苹果公司自身的专利，是"多功能手持设备"发明，其共现频次为 369 756 次，且同时是高被引专利，位列高被引第二。

在表 4-17 共现频次较高专利分析中，10 项专利中有 6 项都是属于高被引专利，已经在表 4-16 中进行了分析。

位列共现频次较高第六位的发明专利 US6570557B1，是苹果公司 Hotelling, Steve 等人 2004 年申请的"用于触敏输入设备的手势识别方法和装置"。该发明通过从多点感应设备读取数据，所述数据涉及对于所述多点感应设备的触击输入，并且基于来自所述多点感应设备的数据，最终识别至少一个多点手势。该发明在 DI 中被引用了 3376 次，其同族专利数为 34 次，且在 DI 中的领域影响力和综合专利影响力都是 100。

位列共现频次较高第八位的发明专利 US20060026536A1，是 FingerWorks 公司的 Westerman, Wayne Carl 和 Elias, John Greer 2001 年申请的"一种多点触控系统"。该系统可以将 4 个手指同时在主键上、上或下一行上的触控识别为一个修饰和弦，并将诸如 Shift、Ctrl 或 Alt 等修饰符应用于后续的触控活动，直到所有和弦指尖都不保持触控。在一个替代实施例中，不同的修饰符可以在弦内以相对于另一个的手指的不同安排被选择，而不考虑与触摸表面的绝对手对齐。该项发明专利在 DI 中被引用了 2200 次，其同族专利数为 2。

位列共现频次较高第九位的发明专利 US7614008B2，是苹果公司的 Ording, Bas 申请授权的"具有触摸屏界面的计算机的操作方法"。该发明提供了一种响应用户而操作触摸屏计算机的方法，具体是在触摸屏上提供虚拟输入设备。该虚拟输入设备包含多个虚拟键，当检测到用户已触摸触摸屏，则在名义上激活至少一个虚拟键，并且针对触摸来确定用户的行为，之后处理确定的行为并将预定特性与在名义上激活的至少一个虚拟键相关联。该发明在 DI 中被引用了 933 次，其同族专利数为 16。

位列共现频次较高第十位的发明专利 US20060026535A1，是苹果公司的 Hotelling，Steve 等人申请的"用于触敏输入设备的基于模式的图形用户接口"。该发明公开了一种用户接口方法，包括检测触击并在当检测到触击时确定用户接口模式；还包括基于所述用户接口模式，并响应所述检测到的触击，激活一个或多个 GUI 元素；最后，根据用户界面模式显示一个或多个图形用户界面（GUI）组件，并启用 GUI 组件的功能，最终用户界面模式基于一个或多个应用程序表示不同的用户界面模式。该项发明专利在 DI 中的被引频次为 1912 次，其同族专利数为 24 次。

综合共现频次最高的 10 项发明专利，我们可以发现：多达 6 项发明专利都是苹果公司自己申请的，若进一步将苹果公司收购的 FingerWorks 的 2 项专利（包括 1 项特拉华大学的 US6323846B1）也计算入内，则有高达 8 项高共现发明都是苹果公司自身的专利。

表 4-18　共现频次较高专利分析（共现频次 > 244 490 次）

公开号	共现频次	标题	申请号	DI 被引次数	同族数	申请人	申请年
US20060197753A1	369756	Multi-functional hand-held device	US2006367749A	3268	74	Apple Computer Inc.	2006 年
US6323846B1	361777	Method and apparatus for integrating manual input	US1999236513A	4274	178	University of Delaware, Newark, DE	1999 年
US7663607B2	298049	Multipoint touchscreen	US2004840862A	3239	86	Apple Inc., Cupertino, CA, US	2004 年
US5825352A	286038	Multiple fingers contact sensing method for emulating mouse buttons and mouse operations on a touch sensor pad	US1996608116A	2851	1	Logitech Inc., Fremont, CA, US	1996 年

第四章 专利引用论文视角下的科学对技术的影响

续表

公开号	共现频次	标题	申请号	DI被引次数	同族数	申请人	申请年
US20060026536A1	266162	Gestures for touch sensitive input devices	US200548264A	1738	34	Apple Computer Inc.	2005年
US20060026521A1	265637	Gestures for touch sensitive input devices	US2004903964A	3376	34	Apple Computer Inc.	2004年
US6690387B2	256874	Touch–screen image scrolling system and method	US200134375A	2005	42	Koninklijke Philips Electronics N.V., Eindhoven, NL	2001年
US6570557B1	256753	Multi–touch system and method for emulating modifier keys via fingertip chords	US2001681178A	2200	2	Finger Works Inc., Townsend, DE	2001年
US7614008B2	251486	Operation of a computer with touch screen interface	US2005228700A	933	16	Apple Inc., Cupertino, CA, US	2005年
US20060026535A1	244491	Mode–based graphical user interfaces for touch sensitive input devices	US200538590A	1912	24	Apple Computer Inc.	2005年

进一步综合表4-17和表4-18，苹果公司的重要专利，主要是由2位重要的发明人Hotelling，Steve和Westerman，Wayne完成的，且主要是集中在触摸屏方面的技术方法。

如图4-12所示，同样采用VOSviewer自带的密度聚类算法，专利共被引网络可以形成5个聚类。这里依然借鉴TF*IDF算法进一步计算施引专利中TF*IDF值较高的专利，作为该聚类的标志性专利，一方面表征具体聚类的核心内容，另一方面根据标志性专利的研究内容，确定聚类的标签。

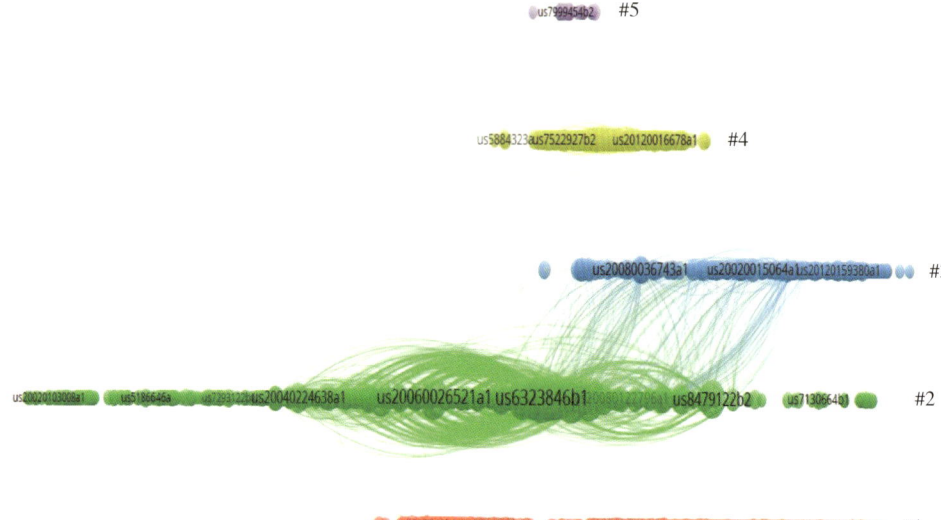

图 4-12 苹果专利共被引聚类视图

如表 4-19 所示，聚类 1 包含 2048 个被引频次大于 50 次的专利，主要指的是"便携式媒体播放器"技术，代表性专利是 US8259444B2，其名称为"高便携性媒体装置"。该发明专利公开了一种便携式媒体播放器，具有连接到存储器和控制接口的控制器，其中控制器操作以媒体模式播放所选的媒体，并操作以数据模式存储和检索关于存储器的数据。该播放器具有在关机之前在持久内存中存储媒体设备状态信息的能力，以便在再次启动播放器时可以检索和利用所存储的媒体播放器状态信息。

聚类 2 包含 1059 个被引频次大于 50 次的专利，主要指的是"触控感应装置"技术，代表性专利是 US10001817B2，其名称为"使用可旋转输入法的用户界面"。该方法涉及用于操纵用户界面对象的用户界面，具体描述了与操纵用户界面对象有关的包括显示器和可旋转输入信息的设备。在一些示例中，对该对象的操纵具体是对该对象的滚动、缩放或旋转。

聚类 3 包含 867 个被引频次大于 50 次的专利，主要指的是"媒体呈现的设备和方法"技术，代表性专利是 US10048757B2，其名称是"用于控制媒体呈现的设备和方法"，涉及用于控制媒体呈现的设备和方法。

第四章 专利引用论文视角下的科学对技术的影响

聚类4包含699个被引频次大于50次的专利,主要指的是"计算机生成和处理任务项的方法"技术,代表性专利是US10255566B2,其名称是"生成和处理要执行的任务的方法"。该发明提供了处理任务项的技术。其中,具体任务项是表示要手动或自动执行的任务的电子数据,这里的任务项包含有关其相应任务的一个或多个详细信息,如任务的描述和任务的位置。具体地说,描述了生成任务项、组织任务项、触发任务项通知和使用任务项的技术。

聚类5包含67个被引频次大于50次的专利,主要指的是"转移微型器件的系统和方法"技术,代表性专利是US10022859B2,其名称是"质量转移工具操纵器组件和具有集成位移传感器的微型拾取阵列支座"。该发明公开了用于从承载衬底转移微型器件的系统和方法。

表4-19 专利共被引聚类分析

标志性专利	聚类	代表性文献
US8259444B2 US8300841B2	#1	us6295541b1、us6731312b2、us6762741b2
US10001817B2 US10001885B2	#2	us20060197753a1、us6323846b1、us7663607b2
US10048757B2 US10067645B2	#3	us20080036743a1、us5559301a、us7479949b2
US10255566B2 US10417037B2	#4	us20090058823a1、us20120016678a1、us7522927b2
US10022859B2 US10043776B2	#5	us20010029088a1、us20020076848a1、us20030177633a1

3. 苹果技术进步中科学-技术间的互动

本部分主要采用论文-专利混合共被引方法实现科学-技术间的互动研究。在实现论文-专利混合共被引网络的基础上,进一步采用聚类的方法对科学-技术间互动影响的苹果技术类别进行区分,进而采用聚类中的论文/专利的施引专利,也就是苹果具体的技术专利文献,进行标引表示具体聚类的类别。

论文专利互引下的科学和技术之间的联系研究

在具体执行的过程中，时间范围为2010—2019年，阈值为20，即：非专利文献或专利文献至少要被引用20次，年均引用2次以上，最终获取16 721项，其中专利文献为16 551篇，占比约为98.98%。其中，属于中国申请的专利量（专利号由CN开头）为236件，占引用专利文献总量的比重为1.4%；属于美国申请的专利量为14 020件，占比为84.71%；属于日本申请的专利量为797件，占比为4.82%；属于世界知识产权组织申请的专利量为706件，占比为4.27%。非专利文献为170篇，占比约为1.02%。其中，属于美国作者的文献量为89篇，占比为52.35；属于日本作者的文献量为13篇，占比为7.65%；属于加拿大作者的文献量为7篇，占比为4.12%。

如图4-13所示，专利文献最高被引用的是US6323846B1，为1280次；其次是US20060197753A1，被引用了1166次。非专利文献最高被引用的是10.2307/3680114，为75次；之后则是10.4018/jswis.2007010101，为68次。

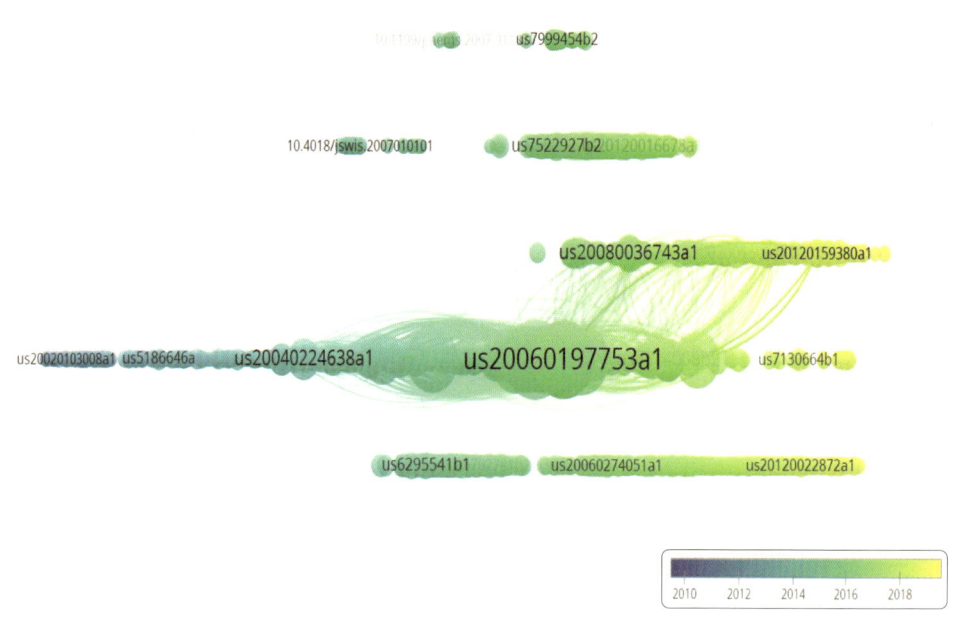

图4-13　苹果公司论文-专利混合共被引视图

第四章　专利引用论文视角下的科学对技术的影响

如图4-14所示，同样采用VOSviewer自带的密度聚类算法，论文–专利共被引网络可以形成12个聚类。这里依然借鉴TF*IDF算法进一步计算施引专利中TF*IDF值较高的专利，作为该聚类的标志性专利，一方面表征具体聚类的核心内容，另一方面根据标志性专利的研究内容，确定聚类的标签。

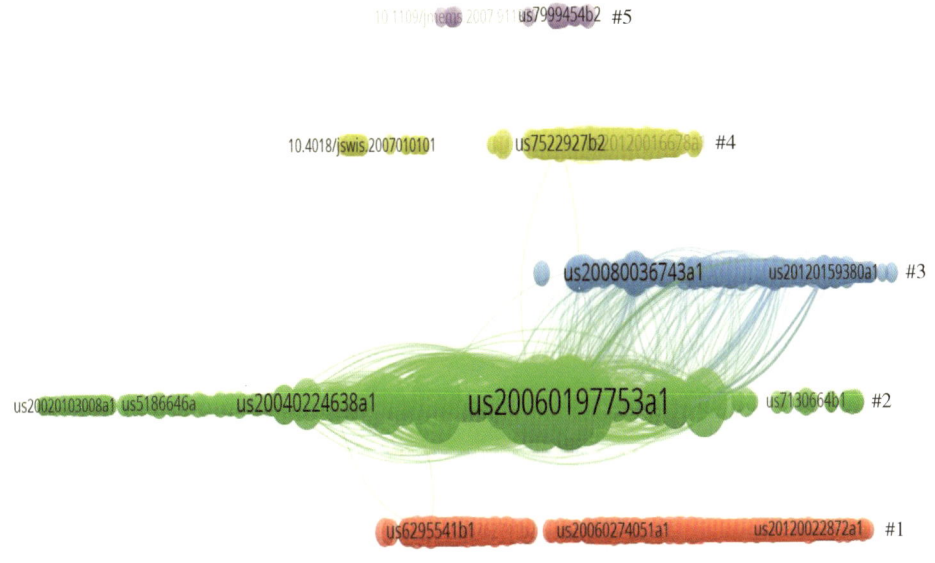

图4-14　苹果公司论文–专利混合共被引聚类视图

如表4-20所示，聚类1主要指的是"便携式媒体播放器"技术，代表性专利是US8259444B2和US8300841B2，具体内容详见专利共被引聚类中的聚类1。该聚类1的主要内容是由专利共被引聚类1的内容组成，故而该聚类的内容，更适合采用原专利共被引聚类中的聚类1的内容表达。该聚类跨越时间范围为2014—2019年，完全是由引用的专利形成的聚类，不包括文献。

聚类2主要指的是"触控感应装置"技术，代表性专利是US10001817B2和US10001885B2，具体内容详见专利共被引聚类中的聚类2。该聚类2的主要内容，是由专利共被引聚类2的内容"触控感应装置"技术和文献共被引聚类

107

论文专利互引下的科学和技术之间的联系研究

4"触觉追踪与识别"技术的内容组成,故而该聚类的内容这里采用"触控感应装置"技术表达。该聚类跨越时间范围为2010—2019年,主要是由引用的专利组成的,同时也包括部分文献。

聚类3主要指的是"媒体呈现的设备和方法"技术,代表性专利是US10048757B2和US10067645B2,具体内容详见专利共被引聚类中的聚类3。该聚类3的主要内容,是由专利共被引聚类3的内容组成,故而该聚类的内容,更适合采用原专利共被引聚类中的聚类3的内容表达。该聚类跨越时间范围为2015—2019年,完全是由引用的专利形成的聚类,不包括文献。

聚类4主要指的是"计算机生成和处理任务项的方法"技术,代表性专利是US10255566B2和US10417037B2。该聚类4的主要内容,是由专利共被引聚类4的内容"计算机生成和处理任务项的方法"技术和文献共被引聚类2"语音输入"技术的内容组成。鉴于构成该聚类的文献和专利,主要是专利共被引聚类4中的专利,这里采用"计算机生成和处理任务项的方法"技术表达。该聚类跨越时间范围为2014—2018年,主要是由引用的专利组成的,同时也包括部分文献。

聚类5主要指的是"转移微型器件的系统和方法"技术,代表性专利是US10022859B2和US10043776B2,具体内容详见专利共被引聚类中的聚类5。该聚类5的主要内容,是由专利共被引聚类5的内容组成,故而该聚类的内容,更适合采用原专利共被引聚类中的聚类5的内容表达。该聚类跨越时间范围为2015—2017年,完全是由引用的专利形成的聚类,不包括文献。

相对于专利的被引次数,文献的引用次数太低,导致采用同一阈值筛选被引专利和被引文献时,大量的文献被剔除掉,从而出现苹果公司论文-专利混合共被引网络的聚类视图和专利共被引聚类的视图基本上一样的,而文献共被引聚类1、文献共被引聚类3、文献共被引聚类5和文献共被引聚类6根本没有体现。另外,通过分析具体文献有显示度的聚类2和聚类4时,我们可以发现:原来的专利共被引聚类结果基本上可以完全覆盖论文-专利混合共被引网络的聚类结果,而文献共被引聚类2和文献共被引聚类4的作用很小。

不过值得注意的一点是:在论文-专利混合共被引聚类5中,主要是由原专利共被引聚类5的专利组成,但是其中包括6篇高被引文献,而这些文献在

第四章　专利引用论文视角下的科学对技术的影响

文献共被引聚类中却因为文献数量少，且与主要的文献共被引聚类1—6缺少联系，而没有体现。

表4-20　苹果公司论文-专利混合共被引聚类分析

标志性专利	聚类	代表性文献
US8259444B2 US8300841B2	#1 （#Patent1）	us6295541b1、us6731312b2、us6762741b2、 ep1028425a2、ep982732a1
US10001817B2 US10001885B2	#2 （#Patent2&#Paper4）	us20060197753a1、us6323846b1、us7663607b2、 10.2307/3680114、10.1109/93.556459
US10048757B2 US10067645B2	#3 （#Patent3）	us20080036743a1、us5559301a、us7479949b2、 gb2402105a、us20020015064a1
US10255566B2 US10417037B2	#4 （#Patent4&#Paper2）	us20090058823a1、us20120016678a1、 us7522927b2、10.1006/ijhc.1995.1081、 10.1006/knac.1993.1008
US10022859B2 US10043776B2	#5 （#Patent5）	us20010029088a1、us20020076848a1、 us20030177633a1、10.1109/jmems.2007.911370、 10.1109/tia.2002.1003438

*（#Patent1）表示专利共被引聚类中的聚类结果；（#Paper1）表示文献共被引聚类中的聚类结果。

如表4-21所示，第一篇DOI为"10.1109/jmems.2007.911370"的论文是由在瑞士的IBM Zurich实验室的Guerre，Roland等人2008年发表在期刊*JOURNAL OF MICROELECTROMECHANICAL SYSTEMS*上的"Selective Transfer Technology for Microdevice Distribution"。作者们开发了一种在晶圆级上具有成本效益的通用cmos兼容异构器件集成方法，通过利用选择性转移技术将器件从一个晶圆分配到多个晶圆。在文章中，作者们将此方法应用于原子力显微镜（AFM）悬臂梁的分布，并成功地演示了来自一个源晶圆的多个晶圆的群体。该论文在WoS中被引用了23次，但是其被苹果公司2010—2019年授权专利就引用了65次，在聚类5中的连接强度为73次。

第二篇DOI为"10.1088/0268-1242/24/9/092001"的论文，是韩国LG公司的Lee，Sang Youl等人发表在期刊*SEMICONDUCTOR SCIENCE AND*

TECHNOLOGY 上的"Wafer-level fabrication of GaN-based vertical light-emitting diodes using a multi-functional bonding material system"。作者们利用由厚铜扩散势垒和键合层组成的多功能键合材料系统制备2英寸晶圆级氮化镓基垂直发光二极管（led）的方法，其中结合材料系统能很好地吸收激光诱导的应力，并有效地充当Sn向有源区扩散的屏障。该论文在WoS中被引用了42次，但是其被苹果公司2010—2019年授权专利就引用了64次，在聚类5中的连接强度为73次。

第三篇DOI为"10.1109/tia.2002.1003438"的论文，是日本国立山形大学的Asano, K 2002年发表在 IEEE TRANSACTIONS ON INDUSTRY APPLIC-ATIONS 上的"Fundamental study of an electrostatic chuck for silicon wafer handling"。作者们利用由交错电极和介电薄膜组成的静电卡盘研究了硅片上的吸引力，发现：静电引力随着外加电压的增加而增加，并且随着介质层的变薄而增加；此外，随着交叉电极的宽度和间距变窄，得到的静电力增强。该论文在WoS中被引用了68次，其被苹果公司2010—2019年授权专利引用了64次，在聚类5中的连接强度为73次，而这篇论文也是这6篇文献中唯一的1篇WoS的引用次数稍大于苹果授权专利引用次数的。

第四篇DOI为"10.1109/ectc.2010.5490647"的论文，是美国Semprius公司的Bower, C. A.等人发表在2010年会议60th Electronic Components and Technology Conference 上的"Active-Matrix OLED Display Backplanes Using Transfer-Printed Microscale Integrated Circuits"。研究显示，有源矩阵有机发光二极管（AMOLED）显示器是用转移印刷的微尺度硅集成电路（ICs）取代传统的薄膜晶体管（TFTs）制造的。作者将微型集成电路转移印刷到玻璃基板上，并使用单层薄膜金属化工艺互连，得到的OLED显示屏具有良好的像素到像素的亮度均匀性、高亮度、优良的可控性和高切换速度，同时转印工艺取得了良好的定位精度和高的成品率。该文献在WoS中被引用了9次，其被苹果公司2010—2019年授权专利引用了63次，在聚类5中的连接强度为73次。

第五篇DOI为"10.1007/bf02914345"的论文，是美国惠普公司的Steigerwald, D等人1997年发表在 JOM-JOURNAL OF THE MINERALS METALS & MATERIALS SOCIETY 上的"III-V nitride semiconductors for high performance blue and green light-emitting devices"。在文章中，作者着重介绍了（AlIn）GaN合金系统的发展过程，并介绍了目前已生产的一些发光器件的制备和性能。该文献在 WoS 中被引用了 38 次，其被苹果公司 2010—2019 年授权专利引用了 61 次，在聚类 5 中的连接强度为 73 次。

第六篇 DOI 为"10.1007/s11837-998-0130-z"的论文，是美国的 Harris, JH1998 年发表在期刊 *JOM-JOURNAL of the MINERALS METALS & MATERIALS SOCIETY* 上的"Sintered aluminum nitride ceramics for high-power electronic applications"。论文概述了氮化铝陶瓷在电子领域的应用和商业化所涉及的一些关键材料问题，重点综述了影响材料热、电、机械性能的关键缺陷和微观结构问题，以及金属化技术的现状，并在最后讨论了烧结氮化铝当前和未来的潜在应用。该文献在 WoS 中被引用了 36 次，其被苹果公司 2010—2019 年授权专利引用了 61 次，在聚类 5 中的连接强度为 73 次。

整体而言，这些文献多是来自于企业的作者完成的，故而其研究内容侧重于技术应用，而不是纯粹的理论研究。这一点从这些文献所属的学科就有所体现，其中有 3 篇文献属于材料科学方面的跨学科研究，2 篇文献属于矿物冶金工程。此外，这些论文在专利中的引用次数远远高于其在 WoS 中的引用次数。

表 4-21 苹果公司论文-专利混合共被引聚类 5 中引用的 6 篇高被引文献

频次	DOI	作者	标题	文献主体	发表年	WoS引用
65	10.1109/jmems.2007.911370	Guerre, R; Drechsler, U; Jubin, D; Despont, M	Selective transfer technology for microdevice distribution	JOURNAL OF MICROELECTR-OMECHANICAL SYSTEMS	2008 年	23
64	10.1088/0268-1242/24/9/092001	Lee, SY; Choi, KK; Jeong, HH; Choi, HS; Oh, TH; Song, JO; Seong, TY	Wafer-level fabrication of GaN-based vertical light-emitting diodes using a multi-functional bonding material system	SEMICONDUCTOR SCIENCE AND TECHNOLOGY	2009 年	42

续表

频次	DOI	作者	标题	文献主体	发表年	WoS引用
64	10.1109/tia.2002.1003438	Asano, K; Hatakeyama, F; Yatsuzuka, K	Fundamental study of an electrostatic chuck for silicon wafer handling	IEEE TRANSACTIONS ON INDUSTRY APPLICATIONS	2002年	68
63	10.1109/ectc.2010.5490647	Bower, CA; Menard, E; Bonafede, S; Hamer, JW; Cok, RS	Active-Matrix OLED Display Backplanes Using Transfer-Printed Microscale Integrated Circuits	2010 PROCEEDINGS 60TH ELECTRONIC COMPONENTS AND TECHNOLOGY CONFERENCE (ECTC)	2010年	9
61	10.1007/bf02914345	Steigerwald, D; Rudaz, S; Liu, H; Kern, RS; Gotz, W; Fletcher, R	III-V nitride semiconductors for high performance blue and green light-emitting devices	JOM-JOURNAL OF THE MINERALS METALS & MATERIALS SOCIETY	1997年	38
61	10.1007/s11837-998-0130-z	Harris, JH	Sintered aluminum nitride ceramics for high-power electronic applications	JOM-JOURNAL OF THE MINERALS METALS & MATERIALS SOCIETY	1998年	36

4. 苹果技术进步中多科学-多技术间的互动

本部分借助关联规则挖掘方法，具体采用Apriori算法实现了多科学-多技术间的互动分析，并借助3个指标，分别是支持度、置信度和提升度的分析，挖掘出了具体科学与具体技术，或者具体科学与具体科学，抑或是具体技术与具体技术之间的互动强度，如表4-22所示。

表 4-22 多科学与多技术之间的互动分析

序号	多科学-多技术间互动	支持度	置信度	提升度
1	[US5880411A、US6690387B2、US5825352A、US6323846B1、US5483261A、US20060197753A1] → [US5488204A、US6188391B1]	0.05	1	18.077
2	[US5880411A、US6310610B1、US5825352A、US5483261A、US20060197753A1、US7015894B2] → [US5488204A、US6188391B1]	0.05	1	18.077
3	[US5880411A、US6310610B1、US6690387B2、US5825352A、US5483261A、US20060197753A1] → [US5488204A、US6188391B1]	0.05	1	18.077
4	[US5880411A、US6310610B1、US5825352A、US6323846B1、US5483261A、US20060197753A1] → [US5488204A、US6188391B1]	0.05	1	18.077
5	[US6690387B2、US5825352A、US5483261A、US20060197753A1、US7184064B2、US5835079A] → [US5488204A、US6188391B1]	0.05	1	18.077
6	[US6690387B2、US5825352A、US5483261A、US20060197753A1、US7015894B2、US5835079A] → [US5488204A、US6188391B1]	0.05	1	18.077
7	[US5880411A、US5825352A、US6323846B1、US5483261A、US20060197753A1、US7184064B2] → [US5488204A、US6188391B1]	0.05	1	18.077
8	[US6690387B2、US5825352A、US6323846B1、US5483261A、US20060197753A1、US7184064B2] → [US5488204A、US6188391B1]	0.05	1	18.077
9	[US6310610B1、US6690387B2、US5825352A、US6323846B1、US5483261A、US20060197753A1] → [US5488204A、US6188391B1]	0.05	1	18.077
10	[US5880411A、US5825352A、US5483261A、US20060197753A1、US7184064B2、US7015894B2] → [US5488204A、US6188391B1]	0.05	1	18.077

论文专利互引下的科学和技术之间的联系研究

从表4-22可以看出,尽管这些技术出现的频率并不高,但是二者存在很强的互动作用。这里以单项专利鉴定为一项技术,以序号1的互动为例。

这8项技术US5880411A、US6690387B2、US5825352A、US6323846B1、US5483261A、US20060197753A1、US5488204A、US6188391B1整体在苹果引用的专利技术中支持度为0.05,但是这6项技术US5880411A、US6690387B2、US5825352A、US6323846B1、US5483261A、US20060197753A1一旦被苹果所引用,意味着后边的2项技术US5488204A、US6188391B1必然也要被引用,其置信度为1。此外,这6项技术US5880411A、US6690387B2、US5825352A、US6323846B1、US5483261A、US20060197753A1和后边的2项技术US5488204A、US6188391B1具有很强的相关性,其提升度高达18.077。

综合分析这8项技术,发现都是关于"触控屏"技术的。专利US5880411A是美国SYNAPTICS公司(一家全球领先的移动计算、通信和娱乐设备人机界面交互开发解决方案设计制造公司)的Gillespie David W.在1999年申请的,其技术名称为"扩展了一种用于触摸传感器垫的拖动手势识别方法,包括识别手指在触摸敏感垫上疑似手势时所做的手势,并向主机发送手势发生的信号";专利US6690387B2是荷兰飞利浦公司的Zimmerman John在2004年申请的,其技术名称为"触摸屏图像滚动系统,具有停止运动指令,当手指静止触摸持续时间超过预设的最小时间时,终止图像滚动位移和滚动结束信号";专利US5825352A是瑞士罗技公司的Bisset Stephen J.在1998年申请的,其技术名称为"一种用于触摸传感器垫的多指接触传感方法,涉及根据两个最大峰值的指示两指同时存在";专利US6323846B1是美国特拉华大学的Westerman Wayne等人2001年申请的,其名称为"近距离感应装置用作集成手动打印的输入装置";专利US5483261A是日本ORGPRO NEXUS公司的Yasutake Taizo在1996年申请的,其名称为"交互式计算机图形输入装置,基于CCD相机用户视频图像中产生的阴影来检测面板接触区域";专利US20060197753A1是苹果公司的Hotelling Steven在2006年申请的,其名称为"手持电子设备,如移动电话,具有处理单元,通过输入表面接收用户的并发触摸输入,并区分用户要求的动作和多点触摸输入"。另外2件高度关联的专利是US5488204A和US6188391B1,其中,专利US5488204A是美国SYNAPTICS公司的Mead Carver A.等人在1996年申请的,

第四章 专利引用论文视角下的科学对技术的影响

其名称为"电容式触摸传感器垫用导电画笔,包括导电手柄和若干附着在手柄上的导电刷毛,其中手柄和刷毛的总电阻不超过人类手指的皮肤电阻";另一件专利US6188391B1也是美国SYNAPTICS公司申请的,其发明人是Seely Joel,技术名称为"一种两层电容式触摸板的制造方法,其具有两组在两个不同方向上的导电痕迹,用于连接在两个方向上形成传感器电极的传感垫"。

在DI数据库中进一步检索这8件专利,发现它们都是属于手工代码为"T04F02A2"的技术领域,即:"Touch Screen",且在DI中都是高被引专利,被引次数都高于2000次,其中US6323846B1更是高达4277次。

如图4-15所示,首先,5项技术US5880411A、US5488204A、US6690387B2、US6323846B1和US6188391B1的支持度为0.052,其中置信度为1,提升度为16.992。意味着这4项技术US5880411A、US5488204A、US6690387B2、US6323846B1和US6188391B1具有很强的正相关性。

其次,6项技术US5880411A、US6690387B2、US6323846B1、US20060197753A1、US5488204A和US6188391B1的支持度为0.052,其中置信度为1,提升度为16.992。意味着这4项技术US5880411A、US6690387B2、US6323846B1、US20060197753A1和另外2项技术US5488204A、US6188391B1具有很强的正相关性。

最后,6项技术US5880411A、US6690387B2、US6323846B1、US20060197753A1、US6188391B1、US5488204A的支持度为0.052,其中置信度为1,提升度为17.518。意味着这5项技术US5880411A、US6690387B2、US6323846B1、US20060197753A1、US6188391B1和另外1项技术US5488204A具有很强的正相关性。

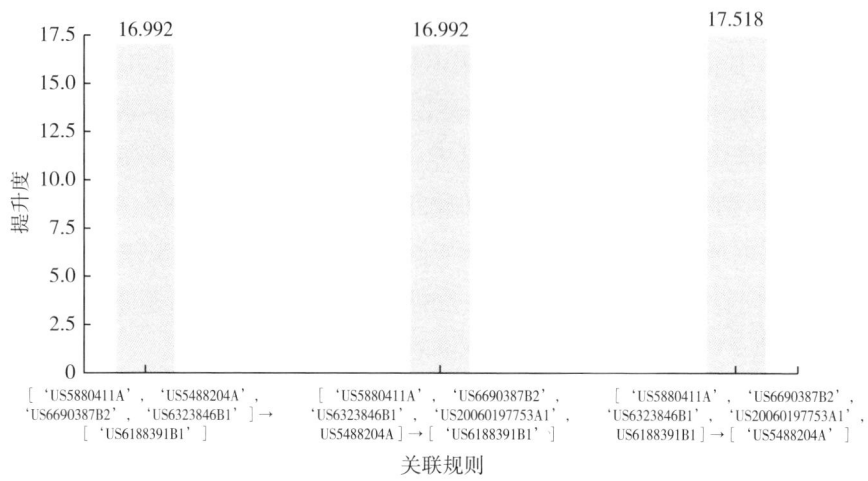

图4-15 苹果的多科学-多技术互动影响力图

三、华为公司与苹果公司深度比较

1. 对华为公司与苹果公司技术进步有重要影响的科学文献和技术专利分析

在前边章节对华为公司和苹果公司深度分析的基础上，本部分进一步将华为公司和苹果公司引用的专利、文献进行综合比较，以期发现华为公司和苹果公司二者间更深层次的科学-技术，或者技术-科学之间，抑或是技术-技术之间的关联规律，见表4-23。

表4-23 华为公司和苹果公司共同引用较高的文献和专利

DOI	华为	苹果	标题	机构	发表年	WoS引用
10.1109/TCOM.1980.1094577	7	44	Algorithm For Vector Quantizer Design	Stanford Univ	1980年	4081
10.1002/ett.4460130514	10	4	Transmit/Receive-Antenna Diversity Techniques For OFDM Systems	German Aerosp Ctr DLR	2002年	21

第四章 专利引用论文视角下的科学对技术的影响

续表

DOI	华为	苹果	标题	机构	发表年	WoS 引用
10.1109/18.144727	13	4	Generalized Chirp-Like Polyphase Sequences With Optimum Correlation-Properties	Inst Microwave Tech & Electr	1992 年	208

专利号	华为	苹果	标题	专利权人	申请年	DI 引用
US20030035397A1	10	6	System, device and computer readable medium for providing networking services on a mobile device	FCO V CLO TRANSFEROR LLC	2001 年	138
US20090046645A1	11	8	Uplink Reference Signal Sequence Assignments in Wireless Networks	TEXAS INSTR INC	2008 年	209
US20100195566A1	11	4	Apparatus and method for communicating and processing a positioning reference signal based on identifier associated with a base station	Motorola mobility inc	2009 年	384
US20110199986A1	10	5	Reference signal for a coordinated multi-point network implementation	Blackberry co ltd	2010 年	393
US20110222523A1	11	4	Method of multi-radio interworking in heterogeneous wireless communication networks	MEDIATEK INC	2011 年	380
US20120287995A1	10	8	Luma-Based Chroma Intra-Prediction for Video Coding	TEXAS INSTR INC	2012 年	122
US20140086177A1	13	4	End-to-end architecture, api framework, discovery, and access in a virtualized network	Interdigital patent holding inc., wilmington, de, us	2013 年	384
US20140098761A1	11	6	Method and apparatus for enhancing coverage of machine type communication (mtc) devices	Interdigital patent holdings inc., wilmington, de, us	2013 年	772
US20040001429A1	12	25	Dual-mode shared OFDM methods/transmitters, receivers and systems	APPLE INC	2003 年	845
US20040203836A1	10	37	WLAN communication system and method with mobile base station	TEXAS INSTR INC	2002 年	90

论文专利互引下的科学和技术之间的联系研究

续表

专利号	华为	苹果	标题	专利权人	申请年	DI引用
US20070183386A1	12	15	Reference Signal Sequences and Multi-User Reference Signal Sequence Allocation	Texas Instruments Incorporated, Dallas, TX, US	2006年	457
US20080027711A1	12	16	Systems and methods for including an identifier with a packet associated with a speech signal	Qualcomm inc	2007年	221
US5455888A	10	104	Speech bandwidth extension method and apparatus	Northern Telecom Limited, Montreal, CA	1992年	602

由表4-23可见，第一篇文献的DOI号为"10.1109/TCOM.1980.1094577"，是美国斯坦福大学的LINDE，Y、BUZO，A和GRAY，RM在1980年发表的，研究的是一种用于矢量量化器的算法。作者们提出了一种基于已知概率模型或长训练数据序列的矢量量化器设计算法，具体讨论了该算法的基本性质，并通过实例进行了说明，例如，线性预测编码（LPC）语音压缩中产生的10维向量的参数向量量化器的设计，以及LPC分析中产生的复杂失真度量，而不只是依赖于错误向量。该文献在WoS中被引用了4081次，也是华为公司和苹果公司重要的基础研究基础。

另外，DOI为"10.1002/ett.4460130514"和DOI为"10.1109/18.144727"的文献，已经在表4-6华为高被引文献分析中进行了详细的分析。其中，DOI为"10.1002/ett.4460130514"的论文尤其值得关注，尽管其在WoS中的被引次数仅仅为21次，但却是华为公司10项专利和苹果公司4项专利的重要基础研究基础。

华为公司和苹果公司共同引用的专利不少，二者引用次数都较高的专利有13件，其中专利号为US20040203836A1的专利特别值得关注。该项专利是美国德州仪器公司的Muharemovic Tarik在2002年申请的，提供了用于在多址OFDMA系统或在多址DFT-spread OFDM（A）系统（或SC-FDMA）中分配CAZAC导频（参考信号）序列的方法。基于该方法，可以通过使用不重合的子

第四章 专利引用论文视角下的科学对技术的影响

续表

载波（频分正交性）将来自不同移动设备的参考信号传输来区分，或者通过使用一个基本 CAZAC 序列的不同循环偏移来区分，进而在无线蜂窝网络中，实现相邻的小区应利用不同的 CAZAC 序列来减少小区外干扰。该项发明专利在 DI 中的引用次数为 90 次，仅华为公司和苹果公司二者就引用了 47 次。

2. 对华为公司与苹果公司技术进步有影响的科学文献综合分析

对华为公司与苹果公司技术进步都有影响的科学文献有 50 篇，具体如表 4-24 所示。

表 4-24　华为公司和苹果公司同引用的 50 篇文献

序号	DOI	华为	苹果	总引用
1	10.1109/TCOM.1980.1094577	7	44	51
2	10.1145/1327452.1327492	1	23	24
3	10.1109/ICME.2004.1394669	1	22	23
4	10.1109/TIT.2005.850152	2	13	15
5	10.1109/76.744284	1	12	13
6	10.1109/TPAMI.2003.1195991	2	11	13
7	10.1109/26.380108	1	10	11
8	10.1109/MCOM.2002.1007415	1	10	11
9	10.1109/TIT.2006.883550	2	8	10
10	10.1109/TSA.2003.818108	8	1	9
11	10.1023/B：VISI.0000029664.99615.94	3	5	8
12	10.1145/360825.360855	2	6	8
13	10.1016/j.image.2006.11.013	1	6	7
14	10.1109/MCOM.2004.1336724	1	6	7
15	10.1117/12.263279	1	6	7
16	10.1109/JSAC.2003.809458	3	3	6

续表

序号	DOI	华为	苹果	总引用
17	10.1109/MCOM.2004.1341261	3	3	6
18	10.1109/TCSVT.2003.815168	3	3	6
19	10.1109/TSA.2003.818109	5	1	6
20	10.1145/1141911.1141933	1	5	6
21	10.1145/359340.359342	1	5	6
22	10.1109/26.898239	1	4	5
23	10.1109/GLOCOM.2003.1258560	1	4	5
24	10.1145/882262.882269	1	4	5
25	10.1109/49.864011	3	1	4
26	10.1109/83.855427	1	3	4
27	10.1109/ICACT.2008.4493913	1	3	4
28	10.1016/j.sysarc.2003.07.004	1	2	3
29	10.1109/26.974266	1	2	3
30	10.1109/34.993558	1	2	3
31	10.1109/49.730453	2	1	3
32	10.1109/TBC.2004.824745	1	2	3
33	10.1109/TCOMM.2004.840666	1	2	3
34	10.1109/TVCG.2007.1032	1	2	3
35	10.1155/2009/302092	2	1	3
36	10.1582/LEUKOS.2006.02.03.005	1	2	3
37	10.1016/0924-4247（96）80123-3	1	1	2
38	10.1016/j.apacoust.2004.12.003	1	1	2
39	10.1109/18.771146	1	1	2
40	10.1109/2.485845	1	1	2

第四章　专利引用论文视角下的科学对技术的影响

续表

序号	DOI	华为	苹果	总引用
41	10.1109/34.888718	1	1	2
42	10.1109/35.90462	1	1	2
43	10.1109/35.910608	1	1	2
44	10.1109/TIP.2004.833105	1	1	2
45	10.1109/TIT.1983.1056659	1	1	2
46	10.1109/TMM.2005.854472	1	1	2
47	10.1109/TSP.2006.879264	1	1	2
48	10.1109/TWC.2008.060193	1	1	2
49	10.1145/1402946.1402961	1	1	2
50	10.1145/358669.358692	1	1	2

就文献类型方面，有43篇论文属于期刊论文，有11篇属于会议论文[①]；就WoS类别方面，有34篇论文属于电子电器工程，有20篇属于电子通信；就国家分布来看，有37篇属于美国，有4篇属于德国，还有3篇属于中国；就所属机构而言，有6篇属于美国电话电报公司，有5篇属于美国微软公司，有4篇属于斯坦福大学；就研究方向而言，有34篇属于工程类的，还有23篇属于计算机科学，也有3篇属于声学；从发表年来看，有7篇发表于2004年和2003年，发表最久远的是1975年的1篇，而发表相对较近的是2009年的1篇；就作者而言，美国普渡大学的Love，DJ和Heath，RW最多，都是3篇，且是这2人共同发表的。

3. 对华为公司与苹果公司技术进步有影响的技术专利综合分析

对华为公司与苹果公司技术进步都有影响的技术专利有9597项，其中共同引用较高的50项专利如表4-25所示。

---

① 基于WoS的统计，文献类型可以是一种以上，故而部分统计会重复计算。

表4-25 华为公司和苹果公司同引用较高的50项专利（总引用≥100）

序号	DOI	华为	苹果	总引用
1	US7653883B2	1	271	272
2	US7479949B2	2	257	259
3	US7657849B2	2	226	228
4	US20060085757A1	1	212	213
5	US20080122796A1	1	211	212
6	US20070257890A1	1	199	200
7	US5463725A	2	179	181
8	US20070150842A1	1	173	174
9	US20070157089A1	3	168	171
10	US20120016678A1	1	167	168
11	US6731312B2	2	158	160
12	US20070075965A1	1	153	154
13	US20110018695A1	2	136	138
14	US7447635B1	1	132	133
15	US20060197750A1	1	128	129
16	US5736974A	1	127	128
17	US6832194B1	2	126	128
18	US20110201387A1	1	126	127
19	US5616876A	2	125	127
20	US7720683B1	2	125	127
21	US6321092B1	2	122	124
22	US6532446B1	1	123	124
23	US6807574B1	1	123	124
24	US6121960A	1	122	123
25	US6248946B1	2	121	123

第四章 专利引用论文视角下的科学对技术的影响

续表

序号	DOI	华为	苹果	总引用
26	US6513063B1	1	119	120
27	US20020013784A1	2	117	119
28	US20070152984A1	1	118	119
29	US5794050A	1	117	118
30	US20010042107A1	2	113	115
31	US5455888A	10	104	114
32	US20110209088A1	1	112	113
33	US20080158181A1	1	110	111
34	US5406305A	1	110	111
35	US5664055A	1	108	109
36	US5127053A	2	106	108
37	US4386345A	1	106	107
38	US5729694A	2	105	107
39	US6208971B1	1	106	107
40	US7233790B2	1	105	106
41	US6297795B1	1	104	105
42	US20060055662A1	1	103	104
43	US6094649A	1	103	104
44	US20050114124A1	2	101	103
45	US20060190833A1	1	101	102
46	US5216747A	2	100	102
47	US5642464A	1	101	102
48	US6728729B1	2	100	102
49	US20090228792A1	2	98	100
50	US5734791A	1	99	100

这 9597 项专利,其中专利权人为高通公司的有 532 项,三星公司的有 377 项,微软公司的有 316 项,苹果公司的有 307 项,诺基亚公司的有 307 项,爱立信公司的有 237 项,LG 公司的有 186 项,IBM 公司的有 146 项。就申请年而言,2010 年最多,为 756 项,之后则是 2006 年的 725 项、2008 年的 723 项、2011 年的 720 项、2012 年的 623 项。就专利申请国而言,有 9067 项是在美国申请的,有 233 项是通过世界知识产权组织(WIPO)申请的,还有 123 项是在中国申请的,另外有 85 项是在欧盟申请的,在日本申请的有 68 项,在韩国申请的有 10 项。就发明人而言,美国高通公司 Montojo,Juan 最多,有 47 项;位列第二的是美国苹果公司的 Tong,Wen,有 44 项;第三是美国高通公司的 Malladi,Durga Prasad 和美国苹果公司的 Fong,Mo-Han,都是 41 项。就技术类别而言,数字信息传输(手工代码为:W01-A,DIGITAL INFORMATION TRANSMISSION)最多,为 4172 项;其次是电话(手工代码为:W01-C,TELEPHONY),为 4172 项;位列第三的是互联网和信息传递(手工代码为:T01-N,INTERNET AND INFORMATION TRANSFER),为 3055 项;位列第四的是信息传输系统(手工代码为:W02-C,TRANSMISSION SYSTEMS),为 2489 项;第五则是软件工程(手工代码为:T01-S,SOFTWARE CONTENT),为 2328 项。

第五章

论文引用专利视角下的技术对科学的影响

本章采用科睿维安公司（Clarivate）旗下的 WoS 数据库（核心集）进行分析，具体包括 Science Citation Index Expanded（1990 年至今）、Social Science Citation Index（1990 年至今）、Conference Proceedings Citation Index–Science（CPCI-S，1991 年至今）、Conference Proceedings Citation Index – Social Science & Humanities（CPCI-SSH，1990 年至今）。

项目负责人通过"中国科学技术信息研究所—科睿维安科学计量学联合实验室"的深度合作，在 2020 年 12 月底采集到了 WoS 数据库（核心集）引用的美国专利、中国专利、欧洲专利、日本专利等数据，以便于后续的深度分析。

第一节 宏观视角——国家层面

一、美国专利技术对科学进步的影响

在 WoS 数据库中，共有 23 119 项美国专利被 46 622 篇文献引用，项均被引次数为 2.02 次，其中单项专利最高被引 275 次，见表 5-1。

表 5-1 科学文献中引用较高的美国专利

序号	专利公开号	标题	发明人	专利权人	申请年	引用次数
1	US04853202B	Large-pored crystalline titanium molecular sieve zeolites	Steven M. Kuznicki	ENGELHARD CORPORATION	1987 年	275
2	US3415737A	Reforming a sulfur-free naphtha with a platinum-rhenium catalyst	KLUKSDAHL HARRIS E.	CHEVRON RESEARCH COMPANY	1967 年	228
3	US3066112A	Dental filling material comprising vinyl silane treated fused silica and a binder consisting of the reaction product of bis phenol and glycidyl acrylate	BOWEN RAFAEL L.	BOWEN RAFAEL L.	1959 年	216
4	US3215572A	Low viscosity magnetic fluid obtained by the colloidal suspension of magnetic particles	PAPELL SOLOMON STEPHEN	STEPHEN PAPELL SOLOMON	1963 年	154
5	US6583168	Sulfonated diarylrhodamine dyes	MENCHEN STEVEN M (US); BENSON SCOTT C (US); LAM JOE Y L (US); ZHEN WEIGUO (US); SUN DAQING (US); ROSENBLUM BARNETT B (US); KHAN SHAHEER H (US); TAING MENG (US)	APPLERA CORP	2000 年	137
6	US3940402A	Tris (substituted amino) sulfonium salts	Middleton William Joseph	DU PONT DE NEMOURS & CO E I	1976 年	129
7	US1943176A	Cellulose solution	CHARLES GRAENACH	CHEM IND BASEL	1934 年	117

第五章 论文引用专利视角下的技术对科学的影响

续表

序号	专利公开号	标题	发明人	专利权人	申请年	引用次数
8	US5608105A	Production of levulinic acid from carbohydrate-containing materials	FITZPATRICK STEPHEN W	BIOFINE INC	1995年	94
9	US4786567A	All-vanadium redox battery	SKYLLAS-KAZACOS MARIA; ROBINS ROBERT	UNISEARCH LTD	1988年	92
10	US4174358A	Tough thermoplastic nylon compositions	EPSTEIN BENNETT N	DU PONT	1977年	92

由表 5-1 可见，在 WoS 中被引次数最高的美国专利是公开号为 US04853202B 的专利，是由 ENGELHARD CORP 的 Kuznicki Steven M. 在 1987 年申请的，具体公开了一种具有孔径约为 8 Angstrom 单元的新晶体钛分子筛沸石组合物及其制备方法。该项发明专利在 DI 中被专利引用的次数为 88 次，远低于在 WoS 中被科学论文引用的次数。

第二项 US3415737A 在 WoS 中共计被引用了 228 次。该项专利是由 CHEVRON RESEARCH COMPANY 的发明人 KLUKSDAHL HARRIS E. 在 1967 年申请的，研究的是用铂铼催化剂重整无硫石脑油，意味着 Chevron 公司成功开发了铂铼双金属重整催化剂。该专利在 DI 中被引用了 135 次，也远远低于其在 WoS 论文数据库的引用次数。

第三项 US3066112A 在 WoS 中被引用了 216 次，其是由 BOWEN RAFAEL L. 在 1959 年发明的，研究的是一种牙齿填充材料，具体包括乙烯基硅烷处理的熔融二氧化硅和由双酚和缩水甘油丙烯酸酯反应产物组成的黏结剂。该专利在 DI 中被引用了 385 次，要高于其在 WoS 论文数据库的引用次数。

第四项 US3215572A 在 WoS 中被引用了 154 次，其是由 STEPHEN PAPELL SOLOMON 的 PAPELL SOLOMON STEPHEN 在 1963 年发明的，首次采用研磨法制备出稳定的磁流体。之后，磁流体为人类提供了新的应用材料和研究方向，同时利用磁流体实现的各种光学器件也得到了长足发展，如可调光开关、光栅、光学逻辑器件、可调光容器、调制器、传感器等。该专利在 DI 中被引用了 67 次，也远远低于其在 WoS 论文数据库的引用次数，甚至还要少于其在中国 CNKI 数据库中的论文引用次数 80 次。

第五项 US6583168A 在 WoS 中被引用了 137 次，其是由美国 APPLERA 公司的 MENCHEN STEVEN M 等人在 2000 发明的，提出了一种新的用于标记核苷、核苷酸、多核苷酸和多肽的磺化二芳基罗丹明化合物制备方法。该专利在 DI 中被引用了 29 次，也远远低于其在 WoS 论文数据库的引用次数。

第六项 US3940402A 在 WoS 中被引用了 129 次，其是由美国 DU PONT 的 Middleton William Joseph 在 1976 年申请的，提出了一种三氨基磺酸盐的制备方法，可用作聚合催化剂，取代有机化合物中其他原子或基团的试剂。该专利在 DI 中被引用了 30 次，也远远低于其在 WoS 论文数据库的引用次数。

第七项 US1943176A 在 WoS 中被引用了 117 次，其是由美国 CHEM IND BASEL 的 CHARLES GRAENACH 在 1934 年申请的，提出一种纤维素溶液的制备方法。该专利在 DI 中被引用了 185 次，高于其在 WoS 论文数据库的引用次数。

第八项 US5608105A 在 WoS 中被引用了 94 次，其是由美国 BIOFINE INC 的 FITZPATRICK STEPHEN W 在 1995 年发明的，提出了一种用含碳水化合物原料连续高收率生产乙酰丙酸的工艺。该专利在 DI 中被引用了 170 次，高于其在 WoS 论文数据库的引用次数。

第九项 US4786567A 在 WoS 中被引用了 92 次，其是由澳大利亚新南威尔士大学的 SKYLLAS-KAZACOS MARIA 和 ROBINS ROBERT 在 1988 年在美国申请的，公开了带电和不带电的钒氧化还原液流电池，用于对未充电电池充电的过程和用于从已充电电池产生电力的过程。另外，还公开了一种用于对至少部分放电的全钒氧化还原电池进行再充电的方法。该专利在 DI 中被引用了 188 次，属于在基础科学和技术科学方面都有较大影响的专利。结合文献分析，发现自该专利发明提出全钒氧化还原液流电池以来，经过 40 多年的发展，目前钒电池已经经历了从实验室研究开发到商业化应用。

第十项 US4174358A 在 WoS 中被引用了 92 次，其是 DU PONT 公司的 EPSTEIN BENNETT N 等人在 1977 年申请的，设计出一种坚韧的多相热塑性复合材料。该专利在 DI 中被引用了 479 次，远远高于其在 WoS 中的被引次数。

二、中国专利技术对科学发展的影响

在 WoS 数据库中，共有 5419 项中国专利被 6497 篇文献引用，项均被引次数为 1.20 次，其中单项专利最高被引 18 次，见表 5-2。

表 5-2 科学文献中引用较高的中国专利

序号	专利公开号	标题	发明人	专利权人	申请年	引用次数
1	CN1223919C	以液体金属镓或其合金作流动工质的芯片散热用散热装置	刘静、周一欣	中国科学院理化技术研究所	2002 年	18
2	CN1483866	高浓度再生丝蛋白水溶液及其制备方法	陈新、邵正中、周丽	复旦大学	1992 年	17
3	CN101531018B	一种用于木材改性的压缩干燥装置	蒲俊文、马福明、武国峰、姜亦飞	宁波高新区木圣科技有限公司；蒲俊文	2009 年	14
4	CN101618559B	用于木材改性的药液加压浸注设备	蒲俊文、马福明、武国峰、姜小飞	宁波高新区木圣科技有限公司；蒲俊文	2009 年	14
5	CN85108751B	合成带有酞侧基的新型聚醚醚酮	张海春、陈天禄、袁雅桂	中国科学院长春应用化学研究所	1985 年	12
6	CN101549508	一种木材功能性改良的技术方法	蒲俊文、武国峰、姜亦飞	北京林业大学	2009 年	11
7	CN1587110	污泥高温好氧消化装置	朱南文、林洁梅、陈华、张善发、贾金平、朱惟猛、程洁红、冯磊	上海交通大学；上海市城市排水有限公司	2004 年	10
8	CN101917016B	储能型级联多电平光伏并网发电控制系统	葛宝明	北京交通大学	2010 年	9
9	CN1057243C	金属液脉冲孕育处理方法	王建中、苍大强、张家泉、周大奇	北京科技大学	1998 年	9

续表

序号	专利公开号	标题	发明人	专利权人	申请年	引用次数
10	CN101215379	聚芳硫醚酰胺类聚合物及其制备方法	杨杰、张刚、龙盛如、王孝军、刘静、陈永荣	四川大学	2008年	9

由表5-2可见，第一项CN1223919C在WoS中被引用了18次，是中国科学院理化技术研究所的刘静和周一欣在2002年申请的，设计出一种以液体金属镓或其合金作流动工质的芯片散热用散热装置，其优点是集散热肋片散热和对流冷却散热于一体，使得体积尺寸小、散热表面大、传热效率高。该专利在DI中被引用了14次，和其在WoS中的被引次数相近。

第二项CN1483866在WoS中被引用了17次，是复旦大学的陈新、邵正中和周丽在1992年申请的，提出一种高浓度再生丝蛋白水溶液及其制备方法。丝蛋白是一种非常有用的天然高分子材料，由于蚕丝本身不溶于水，因此需要将蚕丝溶解于某些特定溶剂，然后用透析的方法除去溶剂中的小分子物质，从而得到再生丝蛋白水溶液。传统用纯水进行透析的方法得到的再生丝蛋白水溶液浓度较低，一般不超过5%，且在常温下（0~40℃）难以保存，极易发生凝聚。该发明采用水溶性聚合物的水溶液来对其进行透析，可以明显提高再生丝蛋白水溶液的浓度，最高可以达到40%；同时，再生丝蛋白水溶液在两个月内可以保持稳定。该专利在DI中被引用了14次，和其在WoS中的被引次数相近。

第三项CN101531018B在WoS中被引用了14次，是宁波高新区木圣科技有限公司的蒲俊文等人在2009年发明的"一种用于木材改性的压缩干燥装置"，公布的是一种可调热风循环式木材干燥压缩装置，用于对浸注处理过的木材在干燥的同时进行压缩。根据木材干燥压缩的工艺规程，通过温湿度控制传感器和变频器来调整不同干燥压缩阶段的通风量和加热量，通过进风调节板和回风调节板来调节风速，通过位移传感器来控制压缩量，最终通过温湿度控制传感器判断干燥过程的结束。该专利在DI中被引用了0次，远远少于其在WoS中的被引次数。

第五章　论文引用专利视角下的技术对科学的影响

第四项 CN101618559B 在 WoS 中也被引用了 14 次，其是宁波高新区木圣科技有限公司的蒲俊文等人在 2009 年发明的"用于木材改性的药液加压浸注设备"，主要是针对湿度较大的木材，在一定压力下从原木的端头浸注化学试剂，而将原木中的树液置换出来，对木材进行化学改性加工提高其多项性能和价值的方法。这种方法的特点是浸注压力小（压力不超过 0.8 MPa），药液在木材中的渗透均匀、吸收好、速度快、药液用量小、易工业化生产，可以对湿原木浸注染色剂、防腐剂、阻燃剂、改性剂等各种聚合物，可以浸渍处理各种大小尺寸的原木。该专利在 DI 中被引用了 0 次，远远少于其在 WoS 中的被引次数。

第五项 CN85108751B 在 WoS 中也被引用了 12 次，是中国科学院长春应用化学研究所的张海春、陈天禄和袁雅桂在 1985 年发明的"合成带有酞侧基的新型聚醚醚酮"。该发明利用酚酞制备了全新结构的具有酚酞侧基聚醚酮，从而可将反应活性较低的二氯二苯酮取代昂贵的二氟二苯酮，使反应温度由 320 ℃降至 200 ℃左右，导致成本的大幅度降低。最终生产所得产物综合性能超过或接近 ICI 公司的产品，可用作膜、片、板、管、纤维、涂料及其他结构材料，用于宇航、航空、核工业、电子工业、造船工业、汽车工业及机电工业等，还可作为膜分离材料的理想选材。该专利在 DI 中被引用了 2 次，远远少于其在 WoS 中的被引次数，此外该项专利在中国 CNKI 中共计被引用了 70 次。

第六项 CN101549508 在 WoS 中也被引用了 11 次，是北京林业大学的蒲俊文等人在 2009 年申请的"一种木材功能性改良的技术方法"。该技术方法通过对木材进行化学改性加工，使其机械强度性能、阻燃性能和防腐性能等多项性能得到改良，解决现有改性技术存在的改性剂不环保或价格昂贵、改性处理过程复杂、只适于板材表面密实化处理等问题，具有简单高效，节能环保等特点。该专利在 DI 中被引用了 9 次，略少于其在 WoS 中的被引次数。

第七项 CN1587110 在 WoS 中也被引用了 10 次，是上海交通大学和上海市城市排水有限公司的朱南文等人在 2004 年申请的"污泥高温好氧消化装置"。该专利公开了一种污泥高温好氧消化装置，由污泥循环管、污泥循环泵和污泥流量计构成污泥循环系统，由曝气管、曝气泵和气体流量计构成污泥曝气系统，消化池的池体上覆盖保温材料，污泥循环管的污泥喷射段靠近消化池池底

论文专利互引下的科学和技术之间的联系研究

横向放置,曝气管的曝气段低于污泥喷射段横向放置在消化池内,污泥消泡管位于气体排放口下方,经消泡管气体阀门与曝气管相接,同时经液体污泥阀门与污泥循环管相接。该发明将污泥曝气系统与污泥循环系统进行分离,采用常规的曝气方法进行曝气,采用液体或气体在消化池出气口进行直接消泡,只需用很少的液体或气体量即可满足消泡要求,而且对曝气供氧系统和污泥循环系统的设置不需特别要求。该专利在 DI 中被引用了 12 次,略高于其在 WoS 中的被引次数。

第八项 CN101917016B 在 WoS 中也被引用了 9 次,是北京交通大学的葛宝明在 2010 年申请的,公开了一种储能型级联多电平光伏并网发电控制系统,包括储能型级联多电平光伏发电逆变器、控制器及电网,实现分布式最大功率跟踪,最大限度地收集太阳能,避免了光伏电池串联时局部阴影导致的功率损失和热斑问题;灵活控制多电平逆变器馈入电网的稳定功率,实现无功补偿、电力调峰控制等功能,具有多电平逆变的优点,输出电压谐波低,且适合高压大功率、无变压器并网。

第九项 CN1057243C 在 WoS 中被引用了 9 次,是北京科技大学的王建中、苍大强、张家泉和周大奇在 1998 年申请的"金属液脉冲孕育处理方法"。

第十项 CN101215379 在 WoS 中被引用了 9 次,是四川大学的杨杰、张刚、龙盛如、王孝军、刘静和陈永荣在 2008 年申请的"聚芳硫醚酰胺类聚合物及其制备方法"。该发明专利在 DI 中被引用了 17 次,是前 10 项专利中唯一一个在 DI 中的被引次数较高的专利。

三、欧盟专利技术对科学发展的影响

在 WoS 数据库中,共有 8314 项欧盟专利被 14 809 篇文献引用,项均被引次数为 1.78 次,其中单项专利最高被引 418 次,见表 5-3。

第五章 论文引用专利视角下的技术对科学的影响

表 5-3 科学文献中引用较高的欧盟专利

序号	专利公开号	标题	发明人	专利权人	申请年	引用次数
1	EP0416815B1	Constrained geometry addition polymerization catalysts, processes for their preparation, precursors therefor, methods of use, and novel polymers formed therewith	Stevens, James C.; Timmers, Francis J.; Wilson, David R.; Schmidt, Gregory F.; Nickias, Peter N.; Rosen, Robert K.; Knight, George W.; Lai, Shih-yaw	THE DOW CHEMICAL COMPANY	1990 年	418
2	EP0605497B2	MEDICATION VEHICLES MADE OF SOLID LIPID PARTICLES	LUCKS, STEFAN; MUELLER, RAINER	MEDAC GESELLSCHAFT FUER KLINISCHE SPEZIALPRAEPARATE GMBH	1992 年	153
3	EP400971A2	Method for preparation of taxol	Holton Robert A	UNIV FLORIDA STATE	1990 年	86
4	EP52459B1	Beta-hydroxybutyrate polymers	Holmes Paul Arthur	IMPERIAL CHEM IND PLC	1985 年	51
5	EP416953B1	10-(1-Hydroxyethyl)-11-oxo-1-az-atricyclo[7.2.0.0.3,8]undec-2-ene-2-carboxylic acid derivatives	Tamburini Bruno	GLAXO SPA	1991 年	44
6	EP213639B1	Bis-phosphite compounds	Billig Ernst	UNION CARBIDE CORP	1987 年	42
7	EP94911B1	Preparation of pyrrolo-(3,4-c)pyrroles	Rochat Alain Claude Dr.	CIBA GEIGY AG	1983 年	41
8	EP167825B1	Lipid nano pellets as drug carriers for oral administration	Speiser Peter Prof. Dr	RENTSCHLER ARZNEIMITTEL	1985 年	35

133

续表

序号	专利公开号	标题	发明人	专利权人	申请年	引用次数
9	EP494899A4	BALL MILLING APPARATUS	NINHAM Barry William	UNIV AUSTRALIAN NAT	1992 年	35
10	EP885968B3	Process for the production of vanillin	Muheim Andreas	GIVAUDAN SA	1998 年	30

由表 5-3 可见，第一项 EP0416815B1 在 WoS 中被引用了 418 次，是 THE DOW CHEMICAL COMPANY 的 Stevens, James C. 等人在 1990 年申请的。发明人们申请了关于烯烃聚合用"限制几何构型"催化剂（CGC，一种氮原子配位的桥联单茂金属）的专利。之后，DOW 化学采用 CGC 催化剂开发了 LLDPE、弹性体、塑性体、乙烯-苯乙烯共聚物等多个产品。该专利在 DI 中被引用了 876 次，远远高于其在 WoS 中的被引次数，另外其在 CNKI 中也引用了 34 次。

第二项 EP0605497B2 在 WoS 中被引用了 153 次，是 MEDAC GESELL-SCHAFT FUER KLINISCHE SPEZIALPRAEPARATE GMBH 的 LUCKS, STEFAN 和 MUELLER, RAINER 在 1992 年申请的"MEDICATION VEHICLES MADE OF SOLID LIPID PARTICLES"。发明人首次提出采用高压乳匀法制备 NLC，即先用固态脂质加热融化，然后加入适当比例的液态脂质和药物，充分溶解后在聚类搅拌的条件下将熔融液分散到相同温度的含有表面活性剂的水相中得到初乳，将此初乳通过高压乳匀机乳化后再在低温水相中冷去固化。该专利在 DI 中被引用了 27 次，远远低于其在 WoS 中的被引次数。

第三项 EP400971A2 在 WoS 中被引用了 86 次，是佛罗里达州立大学的 Holton Robert A 在 1990 年提出的紫杉酚的制备方法专利，首先利用人工培育的红豆杉针叶提取与紫杉醇结构类似的前体，如巴卡亭 III，之后经过几步催化，即可实现规模化生产多烯紫杉醇。该专利在 DI 中被引用了 204 次，高于其在 WoS 中的被引次数。

第四项 EP52459B1 在 WoS 中被引用了 51 次，是 IMPERIAL CHEM IND PLC 的 Holmes Paul Arthur 发明的"Beta-hydroxybutyrate polymers"专利。该专利在 DI 中被引用了 37 次，略低于其在 WoS 中的被引次数。

第五章　论文引用专利视角下的技术对科学的影响

第五项 EP416953B1 在 WoS 中被引用了 44 次，是 GLAXO SPA 的 Tamburini Bruno 发明的一种杂环化合物的制备方法。该专利在 DI 中被引用了 57 次，略高于其在 WoS 中的被引次数。

第六项 EP213639B1 在 WoS 中被引用了 42 次，是 UNION CARBIDE CORP 的 Billig Ernst 在 1987 年发明的过渡金属–双亚磷酸酯催化羰基化过程。该专利在 DI 中被引用了 71 次，略高于其在 WoS 中的被引次数。

第七项 EP94911B1 在 WoS 中被引用了 41 次，CIBA GEIGY AG 的 Rochat Alain Claude Dr. 在 1983 年发明的丁二酸二酯制备方法，其 DI 中被引用了 97 次，高于其在 WoS 中的被引次数。

第八项 EP167825B1 在 WoS 中被引用了 35 次，是 RENTSCHLER ARZNEI-MITTEL 的 Speiser Peter Prof. Dr 在 1985 年发明的脂质纳米微丸作为口服给药载体的制备方法，其在 DI 中被引用了 139 次，远远高于其在 WoS 中的引用情况。

第九项 EP494899A4 在 WoS 中被引用了 35 次，是 UNIV AUSTRALIAN NAT 的 NINHAM Barry William 在 1992 年发明的，用于球形或圆柱形室绕水平轴旋转的顺磁性材料球磨晶体制造方法。

第十项 EP885968B3 在 WoS 中被引用了 30 次，是 GIVAUDAN SA 的 Muheim Andreas 在 1998 年申请的，用于风味化合物的香草醛和副产物愈创木酚的微生物生产包括在以阿魏酸为底物的营养肉汤中培养细菌的方法，其在 DI 中被引用了 48 次。

四、日本专利技术对科学发展的影响

在 WoS 数据库中，共有 2342 项日本专利被 3406 篇文献引用，项均被引次数为 1.45 次，其中单项专利最高被引 68 次，见表 5-4。

表5-4 科学文献中引用较高的日本专利

序号	专利公开号	标题	发明人	专利权人	申请年	引用次数
1	JP2011236264A	METHOD FOR PRODUCING LOW MOLECULAR WEIGHT CHITOSAN	YAMAMURA AKIHIRO	YAESU SUISAN KAGAKU KOGYO KK	2011年	68
2	JP8231551A	19-MEMBERED RING COMPOUND, ITS PRODUCTION AND USE THEREOF	FUNAHASHI YASUNORI	TAKEDA CHEMICAL INDUSTRIES LTD	1996年	39
3	JP8231552A	TAKEDA CHEMICAL INDUSTRIES LTD	FUNAHASHI YASUNORI	TAKEDA CHEMICAL INDUSTRIES LTD	1996年	32
4	JP 2001006877	LIGHT-EMITTING DEVICE	TOMINAGA TAKESHI	TORAY IND INC	2001年	17
5	JP2002173622	ULTRAVIOLET EXCITATION-TYPE INK COMPOSITION	IMANISHI SATOSHI	ORIENT KAGAKU KOGYO KK	2002年	12
6	JP2004091093A	LIFT	KIDO ZENJI	MEIDENSHA CORP	2004年	11
7	JP8268890A	PROPHYLACTIC AND THERAPEUTIC AGENT FOR HEPATITIS C	IKEDA MAKOTO	EISAI CO LTD	1996年	11
8	JP8053390A	PRODUCTION OF BIS (HYDROXYARYL) PENTANOIC ACIDS	ISODA YOICHIRO	HONSHU CHEM IND CO LTD	1996年	11
9	JP2001253172A	IMAGE RECORDING MEDIUM	OBAYASHI TATSUHIKO	FUJI FILM CORP	2001年	9
10	JP2005272452A	SUBSTITUTED BENZANILIDE COMPOUND AND PESTICIDE	MITA TAKESHI	NISSAN CHEM IND LTD	2005年	9

第一项 JP2011236264A 在 WoS 中被引用了 68 次，是 YAESU SUISAN KAGAKU KOGYO KK 的 YAMAMURA AKIHIRO 等人在 2011 年申请的。该专

第五章 论文引用专利视角下的技术对科学的影响

利发明以甲壳素为原料制备基因转移载体的低分子量壳聚糖，包括去乙酰化工艺、无内毒素水洗涤工艺和低分子化工艺。该专利在 DI 中被引用了 2 次，远远低于其在 WoS 中的被引次数。

第二项 JP8231551A 在 WoS 中被引用了 39 次，是 TAKEDA CHEMICAL INDUSTRIES LTD 的 FUNAHASHI YASUNORI 等人在 1996 年申请的。该专利发明的一种 19 元环化合物及其生产和使用的方法。该专利在 DI 中被引用了 1 次，远远低于其在 WoS 中的被引次数。

第三项 JP8231552A 在 WoS 中被引用了 32 次，是 TAKEDA CHEMICAL INDUSTRIES LTD 的 FUNAHASHI YASUNORI 等人在 1996 年申请的。该专利发明的是一种 18 元环化合物及其生产和使用的方法。该专利在 DI 中被引用了 1 次，也远远低于其在 WoS 中的被引次数。

第四项 JP2001006877 在 WoS 中被引用了 17 次，是 TORAY IND INC 的 TOMINAGA TAKESHI 等人在 2001 年申请的。该专利发明的是显示设备或平板显示器发光元件、背光、照明、室内、标牌、招牌、电子相机、光信号发生器等。该专利在 DI 中被引用了 72 次，也远远高于其在 WoS 中的被引次数。

第五项 JP2002173622 在 WoS 中被引用了 12 次，是 TORAY IND INC 的 TOMINAGA TAKESHI 等人在 2001 年申请的。该专利发明的是显示设备或平板显示器发光元件、背光、照明、室内、标牌、招牌、电子相机、光信号发生器等。该专利在 DI 中被引用了 72 次，也远远高于其在 WoS 中的被引次数。

第六项 JP2004091093A 在 WoS 中被引用了 11 次，是 MEIDENSHA CORP 的 KIDO ZENJI 等人在 2004 年申请的"用于起重物品的电梯"专利。该专利在 DI 中被引用了 2 次，也远远低于其在 WoS 中的被引次数。

第七项 JP8268890A 在 WoS 中被引用了 11 次，是 EISAI CO LTD 的 IKEDA MAKOTO 等人在 1996 年申请的"丙型肝炎的防治剂"专利。该专利在 DI 中被引用了 93 次，要远远高于其在 WoS 中的被引次数。

第八项 JP8053390A 在 WoS 中被引用了 11 次，是 HONSHU CHEM IND CO LTD 的 ISODA YOICHIRO 等人在 1996 年申请的一种高纯度的双（羟基）戊酸制备方法。该专利在 DI 中被引用了 1 次，要远远低于其在 WoS 中的被引次数。

论文专利互引下的科学和技术之间的联系研究

第九项 JP2001253172A 在 WoS 中被引用了 9 次，是 FUJI FILM CORP 的 OBAYASHI TATSUHIKO 等人在 2001 年申请的通过采用酸的化合物和浅色着色物质生产出用于激光记录的图像记录介质的技术。该专利在 DI 中被引用了 1 次，要远远低于其在 WoS 中的被引次数。

第十项 JP2005272452A 在 WoS 中被引用了 9 次，是 NISSAN CHEM IND LTD 的 MITA TAKESHI 等人在 2005 年申请的取代苯甲酰苯胺化合物或其盐可用作害虫防治剂的技术。该专利在 DI 中被引用了 55 次，要远远高于其在 WoS 中的被引次数。

五、世界知识产权组织专利技术对科学发展的影响

在 WoS 数据库中，共有 1993 项在世界知识产权组织申请的专利被 41 890 篇文献引用，项均被引次数为 1.88 次，其中单项专利最高被引 244 次，见表 5-5。

表 5-5 科学文献中引用较高的世界知识产权组织专利

序号	专利公开号	标题	发明人	专利权人	申请年	引用次数
1	WO1997006178A1	PYRIMIDINE NUCLEOSIDES	LAMBERT Robert Wilson	HOFFMANN LA ROCHE & CO AG F	1997 年	244
2	WO1998058974A1	METHOD FOR BLOCK POLYMER SYNTHESIS BY CONTROLLED RADICAL POLYMERISATION	CORPART Pascale	RHODIA CHIM	1998 年	124
3	WO2005024101A1	A METHOD OF NANOFIBRES PRODUCTION FROM A POLYMER SOLUTION USING ELECTROSTATIC SPINNING AND A DEVICE FOR CARRYING OUT THE METHOD	JIRSAK Oldrich	UNIV TECHNICKA V LIBERCI	2005 年	84

续表

序号	专利公开号	标题	发明人	专利权人	申请年	引用次数
4	WO1993012542A1	LAYERED SUPERLATTICE MATERIAL APPLICATIONS	PAZ DE ARAUJO Carlos A.	SYMETRIX CORP	1993年	51
5	WO1999064638A1	REMOVAL OF OXYGEN FROM METAL OXIDES AND SOLID SOLUTIONS BY ELECTROLYSIS IN A FUSED SALT	FRAY Derek John	UNIV CAMBRIDGE TECH	1999年	39
6	WO199619434	PROCESS FOR THE CARBONYLATION OF ETHYLENE AND CATALYST SYSTEM FOR USE THEREIN	TOOZE Robert Paul	IMPERIAL CHEM IND PLC	1996年	38
7	WO2005049892	METHOD FOR ELECTROCHEMICAL PRODUCTION OF A CRYSTALLINE POROUS METAL ORGANIC SKELETON MATERIAL	MUELLER Ulrich	BASF AG	2005年	34
8	WO2009084693	ANTITUMOR AGENT	MIYOSHI Shinji	MITSUBISHI TANABE PHARMA CORP	2009年	34
9	WO2004072089	SALTS COMPRISING CYANOBORATE ANIONS	WELZ BIERMANN Urs	MERCK PATENT GMBH	2004年	34
10	WO199319494	PIEZOELECTRIC MOTOR	PAN Shuheng	FISONS PLC	1993年	33

第一项 WO1997006178A1 在 WoS 中被引用了 244 次,是 HOFFMANN LA ROCHE & CO AG F 的 LAMBERT Robert Wilson 等人在 1997 年通过欧洲知识产

权局申请的世界知识产权组织专利。该发明提出了一种新型嘧啶核苷型病毒胸苷激酶抑制剂用于治疗和预防病毒感染，特别是单纯疱疹感染的技术。该专利在 DI 中被引用了 6 次，远远低于其在 WoS 中的被引次数。

第二项 WO1998058974A1 在 WoS 中被引用了 124 次，是 RHODIA CHIM 的 CORPART Pascale 等人在 1998 年通过法国专利局申请的世界知识产权组织专利。该发明提出一种通过受控自由基聚合反应合成嵌段聚合物的方法。该专利在 DI 中被引用了 200 次，高于其在 WoS 中的被引次数。

第三项 WO2005024101A1 在 WoS 中被引用了 84 次，是 UNIV TECHNICKA V LIBERCI 的 JIRSAK Oldrich 等人在 2005 年申请的。该发明建设了一种聚合物溶液制备纳米纤维的技术，具体利用旋转带电电极表面将聚合物溶液注入电场进行纺丝，同时创造纺丝表面以达到高纺丝量。该专利在 DI 中被引用了 131 次，远远高于其在 WoS 中的被引次数。

第四项 WO1993012542A1 在 WoS 中被引用了 51 次，是 SYMETRIX CORP 的 PAZ DE ARAUJO Carlos A. 在 1993 年通过美国专利局申请的。该发明设计了一种集成电路，具体包括铁电层状超晶格可切换材料，该材料位于形成衬底上互连电器件的至少一个层中。该专利在 DI 中被引用了 39 次，略低于其在 WoS 中的被引次数。

第五项 WO1999064638A1 在 WoS 中被引用了 39 次，是 UNIV CAMBRIDGE TECH 的 FRAY Derek John 等人在 1999 年通过英国专利局申请的用以从固体金属、金属化合物和半金属化合物中去除物质的技术。该专利在 DI 中被引用了 257 次，也远远高于其在 WoS 中的被引次数。

第六项 WO199619434 在 WoS 中被引用了 38 次，是 IMPERIAL CHEM IND PLC 的 TOOZE Robert Paul 等人在 2005 年通过欧洲专利局申请的专利。该发明提出了一种乙烯羰基化作用的方法和该方法所使用的催化剂体系，其中催化剂体系是通过将Ⅷ族金属，如 Pd 或Ⅷ族化合物和二齿如双（二叔丁基膦基）-邻-二甲苯结合制得。该专利在 DI 中被引用了 76 次，也远远高于其在 WoS 中的被引次数。

第七项 WO2005049892 在 WoS 中被引用了 34 次，是 BASF AG 的 MUELLER Ulrich 等人在 2005 年申请的一种用于制造结晶、多孔、有机金属框架材料的电

第五章 论文引用专利视角下的技术对科学的影响

化学装备,可以用于气体储存,如用于燃料电池的甲烷。该专利在 DI 中被引用了 76 次,要远远高于其在 WoS 中的被引次数。

第八项 WO2009084693 在 WoS 中被引用了 34 次,是 MITSUBISHI TANABE PHARMA CORP 的 MIYOSHI Shinji 等人在 2009 年通过日本专利局申请的一种新型抗癌剂制备方法,具体抗癌剂含有作为有效成分的一种化合物,而该化合物可以抑制乙酰化组蛋白和溴区包含蛋白之间的结合。该专利在 DI 中被引用了 222 次,要远远高于其在 WoS 中的被引次数。

第九项 WO2004072089 在 WoS 中被引用了 34 次,是默克专利有限公司的 WELZ BIERMANN Urs 等人在 2004 年申请的一种制备碱金属氰基硼酸盐的方法。该专利在 DI 中被引用了 52 次,要高于其在 WoS 中的被引次数。

第十项 WO199319494 在 WoS 中被引用了 34 次,是 FISONS PLC 的 PAN Shuheng 等人在 1993 年通过英国专利局申请的利用压电步进电机在直线、平面或旋转的方式单动或组动驱动器中平移负载,并依靠压电驱动器之间产生的摩擦力来移动物体的技术。该专利在 DI 中被引用了 52 次,要高于其在 WoS 中的被引次数。

六、本节小结

首先,在 WoS 数据库中,相对于科学论文对科学进步的影响而言,技术专利对科学进步的影响甚微。

不过,在众多的国家专利局中,美国专利局的一些专利相对而言对科学进步影响更广,也影响更大一些。美国共计有 23 119 项专利被 46 622 篇文献引用,项均被引次数为 2.02 次。之后,世界知识产权组织的专利影响也较大,1993 项专利被 41 890 篇文献引用,项均被引次数为 1.88 次。另外,欧盟的专利影响也较广,8314 项专利被 14 809 篇文献引用,项均被引次数为 1.78 次。

其次,单项技术专利对科学进步影响最大的专利,是来自于欧盟专利局申请的 EP0416815B1,其在 WoS 中被引用了 418 次,在 DI 中被专利引用了 876 次;之后是来自于美国的 US04853202B,其被引用了 275 次;接下来是 WO1997006178A1,在 WoS 中被引用了 244 次。

论文专利互引下的科学和技术之间的联系研究

最后，在对专利的施引文献进行深度分析的时候，有两个发现：①专利的施引文献有 60% 以上可能是学位论文，尤其是在 CNKI 中进一步验证发现，专利被中国文献引用的话，这个比例更高；②专利技术对科学领域影响较大的领域，主要是生物、材料、化学等方面，见图 5-1。

《Reforming a sulfur-free naphtha with a platinum-rhenium catalyst》全部的引证文献：（总被引频次：11，总他引频次：11）

[1] 马晓丹.单原子铂催化剂多活性中心结构控制及其协同催化-N健生成性能研究[D].北京化工大学.2020.
[2] 衣晓阳, 张鹏, 胡长禄, 申宝剑. 催化重整集总动力学模型研究进展[J].工业催化. 2020（03）：25-30.
[3] 朱彦儒. 基于层状前体构筑高分散Pt催化剂及其选择性加氢/脱氢性能研究[D].北京化工大学.2018.
[4] Mahdi Abdi-Khanghah, Mostafa Adelizadeh, Zahra Naserzadeh, Zhi'en Zhang. n-Decane hydro-conversion over bi- and tri-metallic Al-HMS catalyst in a mini-reactor[J]. Chinese Journal of Chemical Engineering. 2018（06）：1330-1339.
[5] 王文龙. 水滑石前体法制备高分散负载型Pt重整催化剂及其性能研究[D].北京化工大学.2017.
[6] 段肾明. 氮掺杂碳负载钯基催化剂的制备及其应用研究[D].华中科技大学.2017.
[7] 奚江波. 高性能负载型铼基纳米催化剂的制备及其应用[D].华中科技大学.2015.
[8] 张艳. 活性中心稳定分散的负载型Pt重整催化剂[D].北京化工大学.2014.
[9] 杨明环. 均分散NiCu催化剂的制备及其重整性能研究[D].北京化工大学.2014.
[10] 藏高山, 张大庆. 硅对重整催化剂性能的影响[J].石油炼制与化工. 2014（03）：51-54.
[11] 藏高山, 张大庆, 陈志祥, 王嘉欣. 低积炭半再生重整催化剂的研发[J].炼油技术与工程. 2009（07）：54-57.

图 5-1 专利 US3415737A 在 CNKI 中的被引情况

第二节 中观视角——中国层面（以中国科技论文表征）

中国科技论文与引文数据库（Chinese Scientific and Technical Papers and Citations Database，CSTPCD）是中国科学技术信息研究所受国家科技部委托，从 1987 年开始对我国科技人员在国内外发表论文数量和被引用情况进行统计汇总的数据库。该数据库中的科技论文及其引文，可以有效地体现我国的科技水平和其相应的科学基础及其技术基础。

本节拟以 CSTPCD 数据库中 2009—2012 年的科技论文为基础，抽取数据库中的专利引文并进行数据清洗、数据标准化、特征抽取等，从而形成论文-专利引文样本数据库，进而研究我国技术对科学进步的作用。

第五章 论文引用专利视角下的技术对科学的影响

图 5-2 以 CSTPCD 数据库中 2009—2012 年的论文与引文数据为例，从中抽取出引用专利的科技论文形成"引用专利的科技论文数据库"。

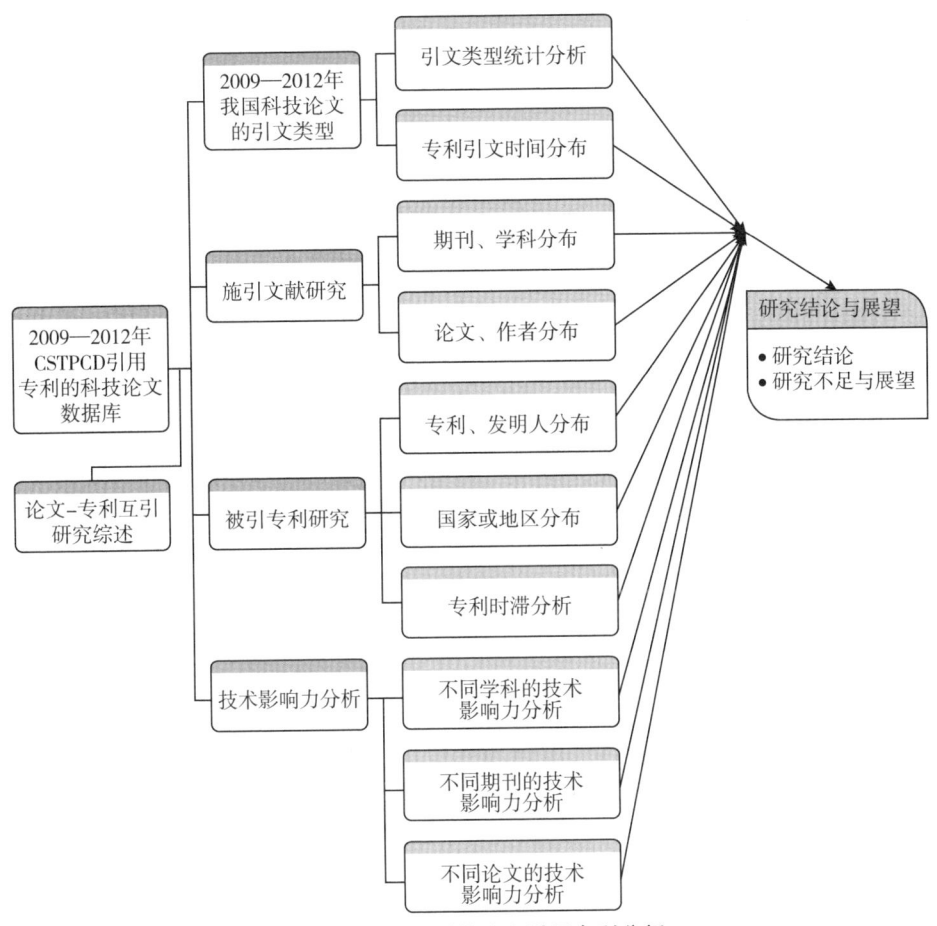

图 5-2 中国科技论文引用专利分析

在此基础上，本节分别从整体科技论文引文类型分布、施引文献、被引专利和技术关联度等 4 个方面进行统计分析。在科技论文引文类型分布方面，本节主要是从引文类型统计分析和专利引文时间分布两个角度进行分析；在施引文献方面，本节从施引文献的期刊分布、学科分布、论文分布和作者分布等 4 个方面进行统计分析；在被引专利方面，本节则是从被引专利、被引专利的发明人、被引专利的国家或地区分布、被引专利时滞等5个角度进行了统计分析;在技术关联度方面,本节则是从学科、期刊和论文3个层次进行了统计分析。

一、统计分析

在我国的科技论文中,主要的引文是期刊论文,除此之外,还有专利、报告、书籍、学位论文等类型。以2012年的CSTPCD统计数据为例,1994种核心期刊发表了约52.36万篇科技论文,共引用了7 390 280篇引文,篇均引文量约为14篇。这些引文包括627万篇期刊论文、57万篇书籍、22万篇会议论文、12万篇学位论文、2.4万篇专利等。

由表5-6可见,从2009年到2012年,我国科技论文的引文量在急剧增长,由最初约600万篇,增长为约739万篇,增幅为23.2%,其中专利引文的比例基本上保持0.33%,每年约2万多篇,其年均增幅与引文总量的年均增幅保持一致。

表5-6 2009—2012年中国科技论文之引文类型分布(不包含期刊论文等)

时间	引文量	专利量(比率)	书籍量(比率)	报告量(比率)	学位论文量(比率)
2012年	7 390 280	24 103(0.33%)	570 780(7.72%)	49 592(0.67%)	120 876(1.64%)
2011年	6 824 724	22 614(0.33%)	100 647(1.47%)	45 159(0.66%)	100 647(1.47%)
2010年	6 474 452	21 345(0.33%)	594 505(9.18%)	44 761(0.69%)	87 985(1.36%)
2009年	5 998 580	20 399(0.34%)	590 029(9.84%)	43 155(0.72%)	71 217(1.19%)

由图5-3可见,从2009年到2012年的4年间,我国专利引文量增长了18.2%,年均增长率为5.7%,达到了2012年的2.4万篇,而专利引文量总共是88 461次。

第五章 论文引用专利视角下的技术对科学的影响

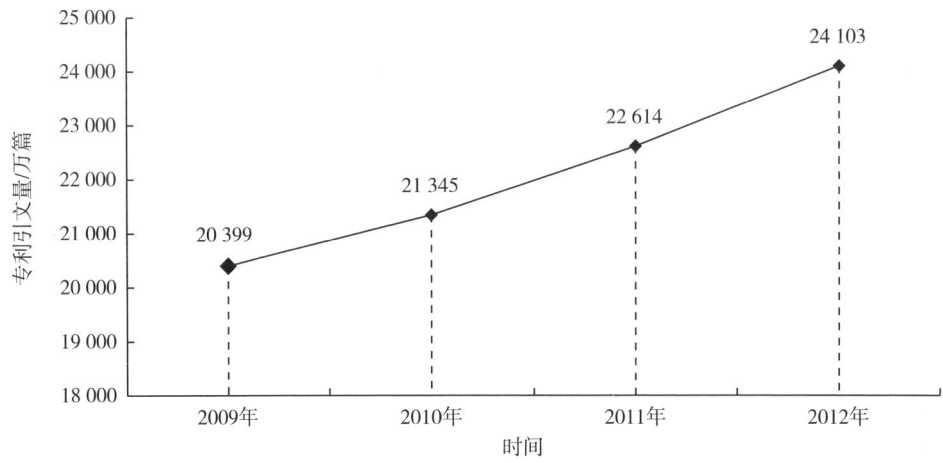

图5-3 专利引文量的时间分布

二、施引文献分析

1. 施引文献期刊分布

如图5-4所示，引用专利较多的期刊有《化工进展》《农药》《石油化工》《中国医药工业杂志》《现代化工》《精细化工》《有机化学》《材料导报》《应用化工》《精细化工中间体》等。其中，《化工进展》引用的专利最多，为2581次；紧随其后的是《农药》和《石油化工》，分别为1610次和1532次。

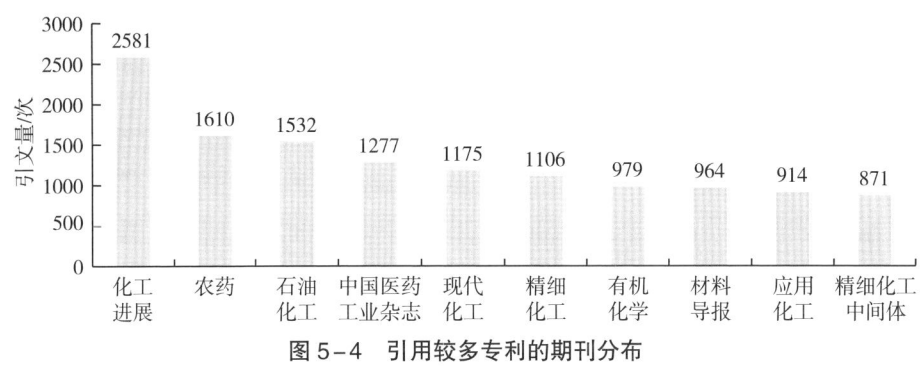

图5-4 引用较多专利的期刊分布

145

由图 5-5 可见，总共有 1668 份期刊引用了专利。其中，引用 1 次专利的期刊数量最多，为 191 份；引用 2 次的期刊量为 125 份；引用 3 次的有 81 份期刊；引用 100 次及其以上专利的期刊有 208 份；引用 500 次及其以上专利的期刊有 27 份；引用 1000 次及其以上专利的期刊有 6 份；引用 2000 次以上专利的期刊仅有 1 份，是中国化工学会、化学工业出版社主办，化学工业出版社出版的《化工进展》。

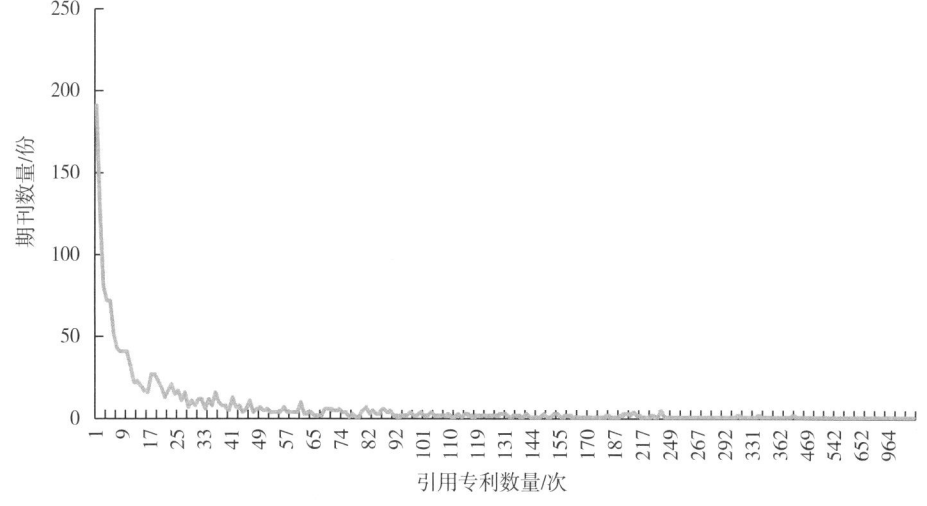

图 5-5　期刊引用专利数量分布图

2. 施引文献的第一作者分布

如表 5-7 所示，引用专利数量最多的作者是来自于中国科学院过程工程研究所的景晓东，其引用了 110 次专利；之后则是来自于中山大学化学与化学工程学院的张传辉，其引用了 85 次专利；排在第三位的是陕西科技大学化学与化工学院的黄良仙，其引用了 65 次专利。

除此之外，引用专利次数较多的第一作者还有来自于天津理工大学化学化工学院的魏荣宝、清华大学精密仪器与机械学系的杨继平、湖北兴发化工集团股份有限公司的高风、南京农业大学的刘婷等人。

表 5-7 引用专利较多的文献作者及其机构

序号	作者姓名	机构	引用专利量
1	景晓东	中国科学院过程工程研究所	110
2	张传辉	中山大学	85
3	黄良仙	陕西科技大学	65
4	魏荣宝	天津理工大学	64
5	杨继平	清华大学	63
6	高凤	湖北兴发化工集团股份有限公司	59
7	刘婷	南京农业大学	59
8	李杰	国防科学技术大学	54
9	袁苑	上海大学	52
10	李涛	暨南大学	49

3. 引用专利较多的施引文献分布

如表 5-8 所示，引用专利量最多的期刊论文是：北京科技大学吴超云 2011 年发表在期刊《中国有色金属学报（英文版）》上的论文《基于专利文献的镁合金腐蚀与防护技术的最新进展》，共包括 111 篇专利文献；沈阳化工研究院有限公司张静 2011 年发表在《农药》上的论文《具有生物活性的异噻唑类化合物研究进展》，共包括 107 篇专利文献；中山大学化学与化学工程学院张传辉 2012 年发表在期刊《工程塑料应用》上的论文《高温尼龙研究进展》，共包括 85 篇专利文献。

表5-8 引用专利最多的期刊论文

序号	第一作者	刊名	题目	机构	引用专利量
1	吴超云	中国有色金属学报(英文版)	基于专利文献的镁合金腐蚀与防护技术的最新进展	北京科技大学	111
2	张静	农药	具有生物活性的异噻唑类化合物研究进展	沈阳化工研究院有限公司	107
3	张传辉	工程塑料应用	高温尼龙研究进展	中山大学	85
4	景晓东	过程工程学报	热载气体直接加热石油烃裂解研究进展——Ⅰ.裂解装置和技术	中国科学院过程工程研究所	84
5	孙旭峰	农药	具有生物活性的1-芳基吡唑类化合物的研究进展	沈阳化工大学	81
6	杨吉春	农药	具有杀虫活性的缩氨基脲类化合物的研究进展	沈阳化工研究院有限公司	75
7	吴峤	农药	噻吩类杀菌剂的研究进展	沈阳化工大学	71
8	杨继平	机械工程学报	印制电路板拆解技术与拆解工艺综述	清华大学	63
9	魏荣宝	有机化学	含螺环结构农药研究进展	天津理工大学	61
10	高风	有机硅材料	二甲基氯硅烷生产高沸物的综合利用研究进展	湖北兴发化工集团股份有限公司	59

引用专利最多的这10篇论文,都是属于综述性论文,尤其是第一篇论文吴超云的《基于专利文献的镁合金腐蚀与防护技术的最新进展》,通过对镁合金腐蚀与防护的国内外相关专利文献进行分析,总结最新的表面防护技术,包括转化膜、电镀、表面涂层和多种复合处理技术。吴超云发现转化膜技术在所有专利文献中占有极大的比例,认为在实际的工业应用中转化膜技术非常重要,且占主导地位,并指出由于镁合金零部件形状和使用特性的多样性,单一的表面技术难以满足性能所需,导致越来越多的复合表面处理技术、环保型的新技术被发明用以进行镁合金的防护处理[63]。

4. 施引文献的学科分布

在CSTPCD中,我国的科技论文被进一步划分为55个学科,包括:数学、力学、信息与系统科学、物理学、化学、天文学、地学、生物学、预防医学与卫生学、基础医学、药物学、临床医学、中医学、军事医学与特种医学、农学、林学、畜牧与兽医、水产学、测绘科学技术等。

由表5-9可见,在这些学科中,化工、化学和材料科学引用专利位列前三。其中,化工引用的专利量最多,为29 135次;紧随其后的是化学,为9536次;之后则是材料科学,为6602次。

此外,还有冶金或金属学、电子、通讯与自动控制、药学、能源科学技术、机械与仪表、农学和食品等引用专利较多。这些学科多属于工业技术、医药卫生、基础学科等领域,而管理及其他、农林牧渔等领域引用相对较少。

表5-9 引用专利较多的学科分布

序号	学科	引用专利次数	序号	学科	引用专利次数
1	化工	29 135	6	药学	3392
2	化学	9536	7	能源科学技术	3127
3	材料科学	6602	8	机械、仪表	2976
4	冶金、金属学	4044	9	农学	2569
5	电子、通讯与自动控制	3975	10	食品	2293

三、被引专利分析

1. 被引用次数最高的专利分析

由表5-10可见,从2009年到2012年,我国的科技论文共引用了88 461次专利,其中排在首位的是Hough P V C1962年在美国专利局申请的专利"Method and means for recognizing complex patterns",其被引用了31次,不过在

论文专利互引下的科学和技术之间的联系研究

Google Scholar 中其被引高达 2920 次。在该项发明中,Hough 提出了一种形状匹配技术"Hough 变换",它所实现的是一种从图像空间到参数空间的映射关系。其原理是利用图像空间和 Hough 参数空间的点—线对偶性,把图像空间中的检测问题转换到参数空间,进而通过在参数空间里进行简单的累加统计,然后在 Hough 参数空间寻找累加器峰值的方法检测直线。Hough 变换的实质是将图像空间内具有一定关系的像元进行聚类,寻找能把这些像元用某一解析形式联系起来的参数空间累积对应点。多年来,专家们对 Hough 变换的理论性质和应用方法进行了深入而广泛的研究,并取得了许多有价值的成果[64,65]。

被引次数排在第二位的专利是 Thomas W M 于 1991 年在世界知识产权组织申请的 "Friction stir butt welding",其被引用了 27 次。该项专利开启了复合焊接搅拌摩擦焊的研究与应用,是由英国焊接研究所的 Thomas W M 在 1991 年发明并已获得世界范围专利保护的新型固相焊接技术,同时也是世界焊接技术发展史上自发明到工业应用时间跨度最短且发展最快的一项神奇的连接技术,被誉为世界焊接史上的第二次革命[66],具有接头变形小、力学性能好、节能和环保等特点,在铝、镁等合金的连接方面具有广阔的应用前景,自发明后的 10 多年其已经被广泛地应用于铁道车辆、船舶、飞机制造业中[67],且应用领域还在迅速地扩展,其在 Google Scholar 中被引高达 616 次。

引用次数排在第三位的是 Zabeau M 在 1993 年发明创造的一种 DNA 分子标记新技术——AFLP(扩增长度片段多态性)指纹图谱技术,是基于对基因组总 DNA 双酶切经 PCR 扩增后的限制性片段进行选择,融合了 RILP 和 PCR 两项技术之长,具有重复性好、多态性高等优点,非常适合品种鉴定和纯度分析,其在 Google Scholar 中被引高达 923 次。

引用次数排在第四位的是中国石油化工股份有限公司和中国石油化工股份有限公司北京化工研究院下高明智等人在 2003 年申请的发明"用于烯烃聚合反应的催化剂组分及其催化剂",提供了一种用于 CH2 = CHR 烯烃聚合反应的催化剂组分,包含钛、镁、卤素和至少两种给电子体化合物 a 和 b,已经广泛地应用在石油化工行业中烯烃聚合反应的催化剂制造中[68],其在 Google Scholar 中共被引用了 16 次,同时发明人以此为基础,又在国家知识产权局申请了多项"用于烯烃聚合反应的催化剂组分及其催化剂制备方法"的发明

第五章 论文引用专利视角下的技术对科学的影响

专利，如：CN03124255、CN03124255、CN200810224869、CN200610112445、CN200610112445、CN201210303737、CN201210303463 等。

引用次数排在第五位的是 Formhals A 在 1934 年在美国专利局申请的专利"Process and apparatus for preparing artificial threads"，其被引用了 20 次，而在 Google Scholar 的引用次数为 48 次。在该项发明专利中，Formhals 首次发明了静电纺丝技术，并设计了一套聚合物溶液在强电场下的喷射进行纺丝的加工装置。在此基础上，Simons（1966 年）、Baumgarten（1971 年）、Larrondo 和 Manley（1981 年）等人进一步对静电纺丝的原理、技术、设备、应用等进行了发展和完善。在 2006 年，全球第一条静电纺丝制备纳米纤维的生产线投入市场，标志着静电纺丝技术实现了工业生产化[69,70]。

此外，美国 Lok B M 等人发明的磷酸硅铝非沸石分子筛、意大利 Enichem 公司的 Taramasso 等人首次合成出一种骨架含钛的分子筛 TS-1（MFI 型）、Lahm G P 等人的甲基氨磺酰基吡唑研究、Alexander B D 等人的脱硫工艺、Fisher W K 等人的橡胶硫化研究、曲恒磊等人的高强韧钛合金加工方法、雷正保等人的螺纹剪切式汽车碰撞吸能装置研究、Schwartzwalde K 等人的有机泡沫浸渍工艺研究等。

这些高被引专利主要是来自于国外发明人创造的重要成果，如复合焊接搅拌摩擦焊、Hough 变换、静电纺丝技术等，而国内发明人创造的成果引用相对较少。从 Google Scholar 中引用次数来看，国内发明的影响力在全球范围内都较弱，其被引次数甚至低于 CSTPCD 数据库中 2009—2012 年科技论文的总引用次数，如排在第 4 位的专利 CN1453298A，其在 Google Scholar 中的被引次数为 16，小于在 CSTPCD 中的 21 次；类似的还有专利 CN101725673 等。

表 5-10　2009—2012 年高被引专利（引用次数 > 10 次）

序号	名称	发明人	专利号	引用次数	Google 引用
1	Method and means for recognizing complex patterns	Hough P V C	US3069654	31	2920
2	Friction stir butt welding	Thomas W M	PCT/GB92/02203	27	616

续表

序号	名称	发明人	专利号	引用次数	Google引用
3	Selective restriction fragment amplification: a general method for DNA fingerprinting	Zabeau M	EP92402629	22	923
4	用于烯烃聚合反应的催化剂组分及其催化剂	高明智	CN1453298A	21	16
5	Process and apparatus for preparing artificial threads	Formhals A	US1975504	20	48
6	Crystalline silicoaluminophosphates	Lok B M	US4440871	18	1152
7	Preparation of porous crystalline synthetic material comprised of silicon and titanium oxides	Taramasso M	US4410501	17	1186
8	Friction stir welding	Midling O T	US5794835	16	155
9	Components and catalysts for the polymerization of olefins	Albizzati E	US4472524	14	58
10	Method of preparing lead and alkaline earth titanates and niobates and coating method using the same	Pechini M P	US3330697	14	15
11	一种高强韧钛合金及其加工方法	曲恒磊	CN03105965	14	23
12	Sulfur reduction in FCC gasoline	Kim G	US5525210	13	68
13	钉形水泥土搅拌桩操作方法	刘松玉	CN200410065863.3	13	22
14	螺纹剪切式汽车碰撞吸能装置	雷正保	CN03124568.4	13	16
15	Arthropodicidal Anthranilamides	Lahm G P	WO2003015519	12	33
16	Sulfur removal process	Alexander B D	US6024865	12	48
17	Thermoplastic blend of partially cured monoolefin copolymer rubber and polyolefin plastic	Fisher W K	US3758643	12	196

第五章　论文引用专利视角下的技术对科学的影响

续表

序号	名称	发明人	专利号	引用次数	Google引用
18	非正弦时域正交调制方法	王红星	CN200810159238.3	12	41
19	双向搅拌桩的成桩操作方法	刘松玉	CN200410065862.9	12	21
20	Method of making porous ceramic articles	Schwartzwalde K	US30990094	11	390
21	Non–chromated oxide coating for aluminum substrates	Schriever M P	US5551994	11	34
22	Thermoplastic vulcanizates of olefin rubber and polyolefin resin	Coran A Y	US4130535	11	279
23	分布式并行智能电极电位差信号采集方法	刘盛东	CN200410014020	11	26
24	辐射型体内张拉成形空间网格结构	张毅刚	CN200620113271.9	11	26
25	滤波减速器	王家序	CN101725673	11	10
26	网络化制造系统中的多功能交互式信息终端	刘飞	CN02113585.1	11	22
27	一种非接触式大间隙磁力驱动方法	谭建平	CN200810030545.1	11	14

2. 被引用次数最高的发明人分析

如表5-11所示，被引次数最多的是中国石油化工股份有限公司，其被引用了230次；紧随其后的是东华大学的高级工程师虞鑫海和清华大学。此外，我国高被引的发明人还有浙江大学、中科院大连化学物理研究所等科研机构，以及来自于科研单位的东南大学刘松玉、东南大学吴乐南、河海大学刘汉龙等，同时还有中国中化股份有限公司的李斌等。

国外被引次数较高发明人,包括美国环球油品公司、德国巴斯夫股份公司、荷兰壳牌石油公司、美国陶氏化学公司、美国埃克森美孚化工公司等企业,以及一部分个人发明人,如英国焊接研究所的 Thomas W M、荷兰 KeyGene 公司的 Zabeau M、英国斯纳姆普罗吉蒂的 Taramasso M 等。

在高被引的 22 位发明人中,国外的发明人占了一半以上,我国的发明人有 10 位,不过位列前三的都是我国的发明人。除了第四位英国焊接研究所的 Thomas W M 外,国外上榜的发明人都是企业或者企业中的职员,而我国的发明人主要是国企、研究所、大学或大学中的教授。

在上榜的 22 位发明人中,一半以上的发明人都是从事化学工业方面的研究,如东华大学的虞鑫海、中国中化股份有限公司李斌、中国石油化工股份有限公司、中科院大连化学物理研究所、美国环球油品公司、德国巴斯夫股份公司、荷兰壳牌石油公司、美国陶氏化学公司、美国埃克森美孚化工公司等。

表 5-11 被引用次数最多的发明人(被引次数 ≥ 30 次)

序号	发明人	被引数	序号	发明人	被引数
1	中国石油化工股份有限公司	230	12	吴乐南	38
2	虞鑫海	68	13	浙江大学	37
3	清华大学	62	14	刘汉龙	36
4	Thomas W M	52	15	中科院大连化学物理研究所	34
5	Zabeau M	51	16	(德国)巴斯夫股份公司	33
6	刘松玉	48	17	LAHM G P	33
7	Hough P V C	45	18	(荷兰)壳牌石油公司	33
8	(美国)环球油品公司	44	19	(美国)陶氏化学公司	32
9	Formhals A	43	20	(美国)埃克森美孚化工公司	31
10	李斌	40	21	Lahm G P	31
11	Taramasso M	39	22	中国石油天然气股份有限公司	31

第五章 论文引用专利视角下的技术对科学的影响

3. 被引专利主要国家或地区分布

专利申请的知识产权组织体现了具体国家对技术创新的保护力度，也体现了专利申请人对具体国家技术市场的认可程度。正如柳卸林等人[71]所述：研发成果的市场取向将影响专利权人对知识产权保护制度的使用。申请国市场的重要性越高，则其对该国知识产权制度的利用就越有效，特别是专利保护，其所具有的地域限制使得其需要根据不同的服务市场范围决定专利申请的地域。

如表5-12所示，我国科技论文中引用最多的专利是来自于美国专利与商标局，有36 773次，甚至要高于在中国国家知识产权局申请的专利34 231次。来自于首位的美国专利与商标局和次席的中国国家知识产权局中的专利，一共被引用了71 004次，占总被引用量的80.6%，远高于其他33个专利局。

另外，世界知识产权组织、日本专利局、欧洲专利局和德国专利商标局中的专利，被引用的次数超过1000次，而英国专利局、奥地利专利局、加拿大知识产权局、韩国专利局、法国专利局和俄罗斯专利局（不包括苏联）的被引次数均超过100次。

除此之外，我国的科技论文还引用了澳大利亚专利局、印度专利局、西班牙专利局、荷兰专利局、波兰专利局、挪威专利局、意大利专利商标局、中国台湾专利局、瑞典专利注册局、巴西专利局、南非商标专利局等国家或地区的专利。

表5-12 被引专利所属知识产权组织分布（前10位）

序号	具体知识产权组织	被引专利量	序号	具体知识产权组织	被引专利量
1	美国专利与商标局	36 773	6	德国专利商标局	1054
2	中国国家知识产权局	34 231	7	英国专利局	762
3	世界知识产权组织	5417	8	奥地利专利局	355
4	日本专利局	4872	9	加拿大知识产权局	226
5	欧洲专利局	3383	10	韩国专利局	182

4. 论文引用专利的时滞分析

论文引用专利的时滞指的是科技论文引用专利的时间与专利时间之间的间隔，若科技论文的发表时间为 2012 年，其引用的 1 项专利的申请时间为 2010 年，则这篇科技论文引用专利的时滞为 2 年。若科技论文引用了当年申请的专利，则其引用时滞为 0。论文引用专利的时滞体现的是应用技术向基础科学的知识转换速度。具体计算方法可以采用下面的数学公式予以表示：

$$T_{lag} = Y_{paper} - Y_{patent}$$

其中，T_{lag} 表示论文引用专利的时滞，Y_{paper} 表示的是科技论文发表的年份，而 Y_{patent} 表示被引专利的申请年。

针对中国科技论文引用专利的时滞数量变化情况，本节采用回归分析法探讨引用时滞和数量二者之间的相互关系，以期从大量的时滞散点数据中寻找到能反映二者间的一些统计规律，并采用数学模型的形式予以表达，见图 5-6。

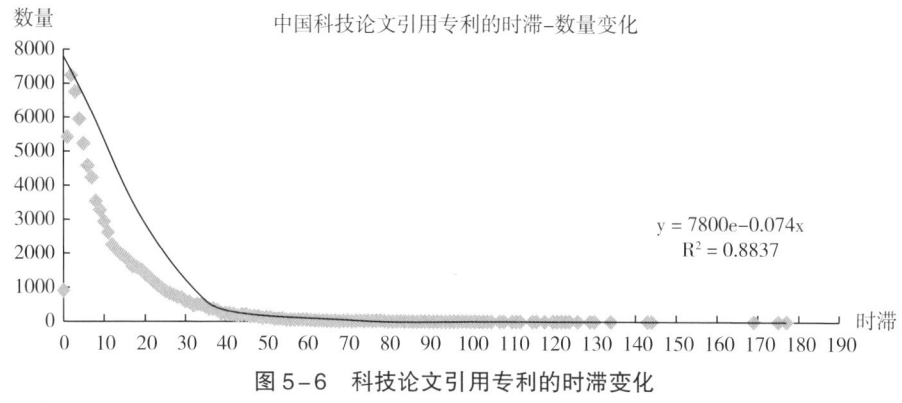

图 5-6 科技论文引用专利的时滞变化

这里采用指数衰减拟合法进行回归分析，其中拟合度指标 R2 的值为 0.8837，亦即回归平方和占总平方和的比例，也称之为决定系数，表示 X 值可以解释 88.3% 的 Y 值，拟合优度较高。

当专利的引用时滞为 2 时，专利被引用的数量最多，为 7239 次；之后则是时滞为 3，其被引用了 6756 次；然后是时滞等于 4，其被引用了 5947 次。

第五章　论文引用专利视角下的技术对科学的影响

其中，时滞为 0 和 1 时，专利被引用的次数偏离拟合曲线：时滞为 0 时，专利被引用了 906 次；而时滞为 1 时，专利被引用了 5423 次。

除了时滞为 0 和 1 这两个不规律节点外，随着专利被引时滞的增加，专利被引用的数量在减少。

四、不同学科技术关联度分析

1. 不同学科的技术关联度比较

由表 5-13 可见，在我国，不同学科的技术关联度差距较大，其中技术关联度超过 0.33% 的学科共有 14 个，分别是化工、轻工与纺织、能源科学技术、材料科学、化学、冶金与金属学、机械与仪表、工程与技术基础学科、食品、药学、矿山工程技术、动力与电气、电子、通讯与自动控制和航空航天。

表 5-13　技术关联度较高的前 10 个学科

序号	学科	技术关联度	序号	学科	技术关联度
1	化工	3.97%	6	冶金、金属学	0.94%
2	轻工、纺织	1.59%	7	机械、仪表	0.83%
3	能源科学技术	1.12%	8	工程与技术基础学科	0.62%
4	材料科学	1.07%	9	食品	0.61%
5	化学	1.05%	10	药学	0.56%

在这些学科中，化工的技术关联度遥遥领先，高达 3.97%；紧随其后的是轻工与纺织，其技术关联度为 1.59%；排在第三位的是能源科学技术，其技术关联度为 1.12%；之后是材料科学的 1.07% 和化学的 1.05%。

在这 40 多个学科中，技术关联度值大于 1.0% 的仅有 5 个学科，大于 0.2% 的学科有 19 个，小于 0.1 的学科共有 12 个，见表 5-14。

表 5-14 技术关联度较小的学科（≤ 0.10%）

序号	学科	技术关联度	序号	学科	技术关联度
1	测绘科学技术	0.09%	7	地学	0.04%
2	畜牧与兽医	0.08%	8	预防医学与卫生学	0.04%
3	水利	0.08%	9	临床医学	0.03%
4	基础医学	0.06%	10	天文学	0.02%
5	军事医学与特种医学	0.05%	11	数学	0.01%
6	信息与系统科学	0.05%	12	管理	0.01%

在技术关联度较小的学科中，管理和数学的值最小，都是0.01%；之后则是天文学，其技术关联度为0.02%，充分体现了这些基础学科的科学和技术之间的关联较弱。此外，在临床医学、预防医学与卫生学、地学、信息与系统科学、军事医学与特种医学、基础医学、水利、畜牧与兽医、测绘科学技术等学科，科学与技术之间的关联、相互作用、相互促进也较弱。

2. 不同学科的技术关联度随时间的变化趋势

如图5-7所示，2009—2012年，不同学科之间的技术关联度值不尽相同，不过这些学科的技术关联度位次变化较小。

化工2009—2012年的技术关联度值保持在3.90%左右，并在2010年和2011年超过该值，达到4.11%和4.02%，不过在2012年该值有所回落，降为3.78%。

2009—2012年，轻工与纺织的技术关联度波动幅度较大。在2009年其技术关联度位列第二为1.49%，不过在2010年下降为1.03%，而在2011年增长为2.21%，之后在2012年下滑为1.96%。

在2009年技术关联度位列第三的是能源科学技术，其值为1.26%，不过在2010年该值已经下降为第六位，为0.86%，之后则有所回升，并在2012年该值上升为1.16%，依然位列第三。

2009—2012年，冶金与金属学、工程与技术基础学科、药学等的技术关联度波动幅度最大。其中，工程与技术基础学科在2012年有显著下降，而药学则在2012年有显著的增长。

第五章 论文引用专利视角下的技术对科学的影响

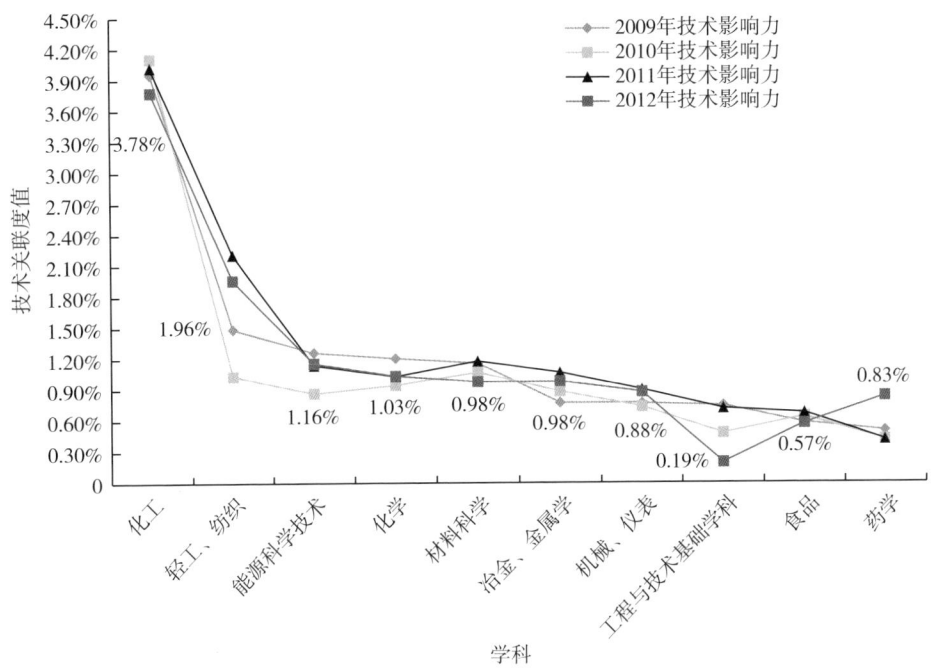

图 5-7 2009—2012 年技术关联度较高的 10 个学科的变化情况

3. 化工中不同期刊的技术关联度分析

由表 5-15 可见，在化工学科，不同期刊的技术关联度差距很大。尽管化工学科整体的技术关联度为 3.97%，但是该学科有 42 本期刊的技术关联度大于此值。其中，《精细化工中间体》的技术关联度最大，为 14.34%；之后是期刊《现代农药》，其技术关联度为 12.47%；紧随其后的是《中国医药工业杂志》，其值为 11.94%。

在化工学科中，技术关联度值大于 10.0% 的期刊有 7 本，而大于 5.0% 的有 32 本期刊。《化工进展》《有机化学》《材料导报》《应用化工》等期刊引用的专利数量较多，不过其技术关联度并不高，分别为 5.52%、2.43%、1.18% 和 3.64%。

表 5-15 不同期刊的技术关联度分析（技术关联度 ≥ 6.0% 的期刊）

序号	期刊名称	技术关联度	序号	期刊名称	技术关联度
1	精细化工中间体	14.34%	13	石油化工	7.66%
2	现代农药	12.47%	14	合成橡胶工业	7.28%
3	中国医药工业杂志	11.94%	15	涂料工业	6.84%
4	农药	11.50%	16	化学工业与工程技术	6.67%
5	有机硅材料	10.77%	17	弹性体	6.64%
6	精细石油化工	10.55%	18	精细化工	6.54%
7	石化技术与应用	10.41%	19	石油炼制与化工	6.40%
8	聚氨酯工业	9.66%	20	天然气化工	6.21%
9	中国药物化学杂志	9.42%	21	现代化工	6.07%
10	无机盐工业	8.02%	22	合成纤维工业	6.04%
11	合成树脂及塑料	7.90%	23	热固性树脂	6.01%
12	粘接	7.74%	24	合成材料老化与应用	6.01%

4. 化工中不同期刊的技术关联度随时间变化情况

以表 5-15 中技术关联度较高的 4 本期刊《精细化工中间体》《现代农药》《中国医药工业杂志》《农药》为例，本节研究它们的技术关联度随着时间的变化情况，重点关注 2009—2012 年。

整体而言，这 4 本期刊的技术关联度随着时间的变化，波动较大，都存在某一年的波谷和另一年的波峰。以期刊《精细化工中间体》为例，它在 2011 年的技术关联度最低，为 10.25%，处于波谷；而在 2010 年技术关联度值最大，为 18.94%，处于波峰。其中，期刊《精细化工中间体》的波动最大，其标准偏差值为 0.041；而期刊《农药》次之，其标准偏差值为 0.039；之后则是《现代农药》和《中国医药工业杂志》，标准偏差值分别为 0.032 和 0.023，见图 5-8。

第五章 论文引用专利视角下的技术对科学的影响

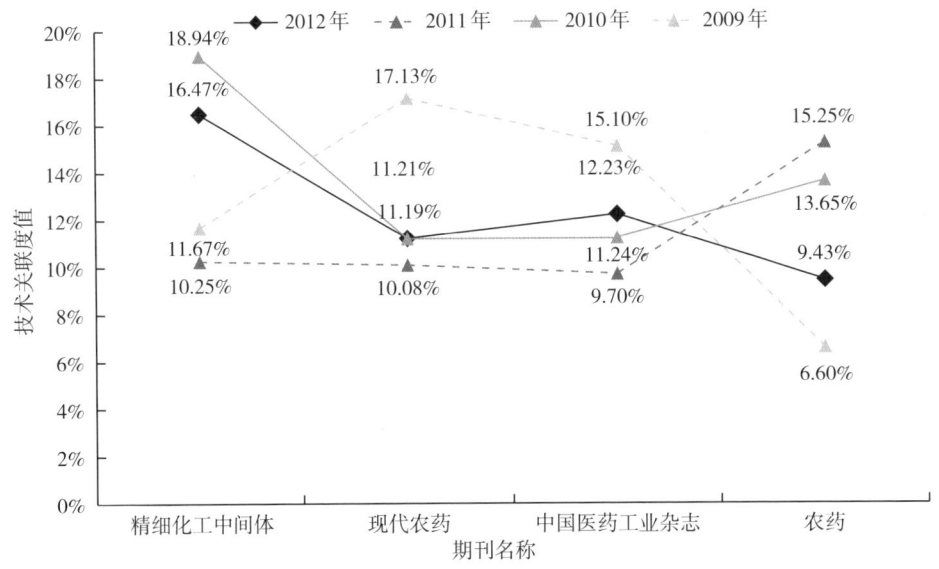

图5-8 化工中4份期刊的技术关联度变化分析

此外，综合4年的技术关联度值，期刊《精细化工中间体》的技术关联度值依然是最大的，其均值为14.33%；之后是期刊《现代农药》，其均值为12.40%；位列第三的是期刊《中国医药工业杂志》，其均值为12.07%；期刊《农药》位列第四，其均值是11.23%。

5. 技术关联度较高的学术论文分布

如表5-16所示，不同学术论文的技术关联度有显著差异，其中技术关联度值为100%的学术论文有142篇，占引用专利论文总量的比率为0.36%；技术关联度值90%~100%的学术论文有36篇，占总量的比率为0.09%；而技术关联度值80%~90%的学术论文有160篇，占总量的比率为0.40%。

从中不难发现，技术关联度值在20%以内的论文量所占比率最高，为73.08%；紧随其后的是技术关联度值20%~30%的论文量，其比率为13.28%；排在第三位的是技术关联度值30%~40%的论文量，其比率为5.61%。

相对而言，随着技术关联度值的降低，学术论文的数量逐渐增多，不过技术关联度值为100%的论文量存在异常，其论文比率并不是最低的，反而较高，为0.36%。

表 5-16 不同技术关联度的学术论文分布

序号	技术关联度	论文量	比率	序号	技术关联度	论文量	比率
1	100%	142	0.36%	6	[50%, 60%]	1014	2.56%
2	[90%, 100%]	36	0.09%	7	[40%, 50%]	1100	2.77%
3	[80%, 90%]	160	0.40%	8	[30%, 40%]	2226	5.61%
4	[70%, 80%]	244	0.61%	9	[20%, 30%]	5268	13.28%
5	[60%, 70%]	492	1.24%	10	[0%, 20%]	28997	73.08%

五、不同技术领域群对科学进步的影响

1. 研究思路

一般而言，科学与技术之间的互动情况，可以划分为科学对技术的作用、技术对科学的影响、科学与技术之间的互相作用等。这里主要是在研究"技术领域群对科学进步的影响"，故而通过科学论文引用技术专利确定对科学有影响的技术专利，之后采用专利的 IPC 分类代码来表征技术，进而以 IPC 分类代码共现网络聚类的方法探析对科学发展有重要贡献的技术领域群，见图 5-9。

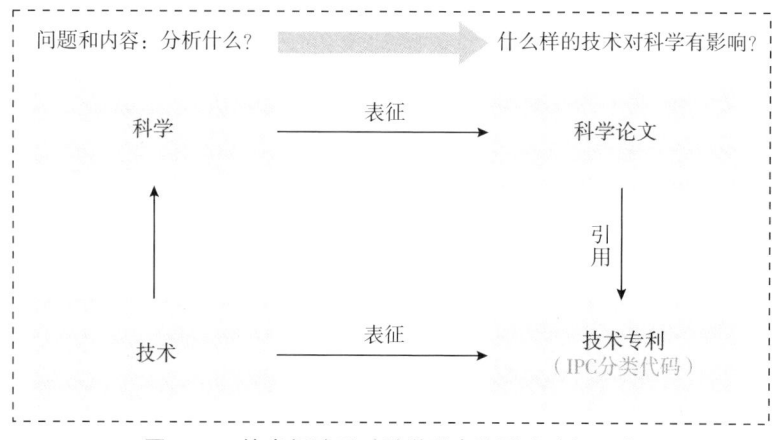

图 5-9 技术领域群对科学进步的影响分析思路

第五章　论文引用专利视角下的技术对科学的影响

2. 分析步骤

由图 5-10 可见，该流程具体包括下面 5 部分内容：

① 数据检索

根据分析的需要，通过 CSTPCD 数据库，检索相应的论文数据，并以全记录（包括论文 id、标题、作者、机构、期刊、年、卷、期、页码、引文 id、具体引文等）的形式保存为 Visual Foxpro 数据库格式（.dbf），最终所得所有的论文数据，即构成了后续分析的数据集。

② 引文抽取

从①中的数据库中，抽取所有论文的引文数据，主要包括论文型引文 CR 和专利型引文 CP，并以"施引论文 id"构建索引。

③ 数据格式标准化

尽管 CR 和 CP 部分的引文格式类似，但是却并不完全相同。故需要将②中所获得的引文数据，按照 CR 和 CP 部分单独存储起来，并单独进行格式的标准化处理。

④ 数据格式化

将③中获得的 CP 部分和 CR 部分，根据②中的索引，重新格式化并统一到一起，形成后来分析的标准化的引文数据集（Standar-dization-citation Sets）。

⑤ 引用分析

根据 CP 部分的专利号、发明人信息、专利权人信息等，在 USPTO（美国专利商标局：United States Patent and Trademark Office，USPTO）、EPO（欧洲专利局：European Patent Office，EPO）、JPO（日本专利局：Japan Patent Office，JPO）、SIPOD（中华人民共和国国家知识产权局下辖的专利数据库：State Intellectual Property Office Database，SIPOD）、WIPO（世界知识产权组织：World Intellectual Property Organization，WIPO）等专利数据库中，从相关数据库中检索相应的专利信息，包括 IPC 分类代码、专利申请日、专利申请号、专利公开日、专利公开号、专利发明人、专利申请人等信息。

之后，以⑤查询到的 IPC 分类代码表征具体的专利，并导入 VOSviewer 中，进行上图中流程二的分析。在此基础上，VOSviewer 可进一步对生成的网络进行聚类分析，从而探析学科领域的主要研究类别。

论文专利互引下的科学和技术之间的联系研究

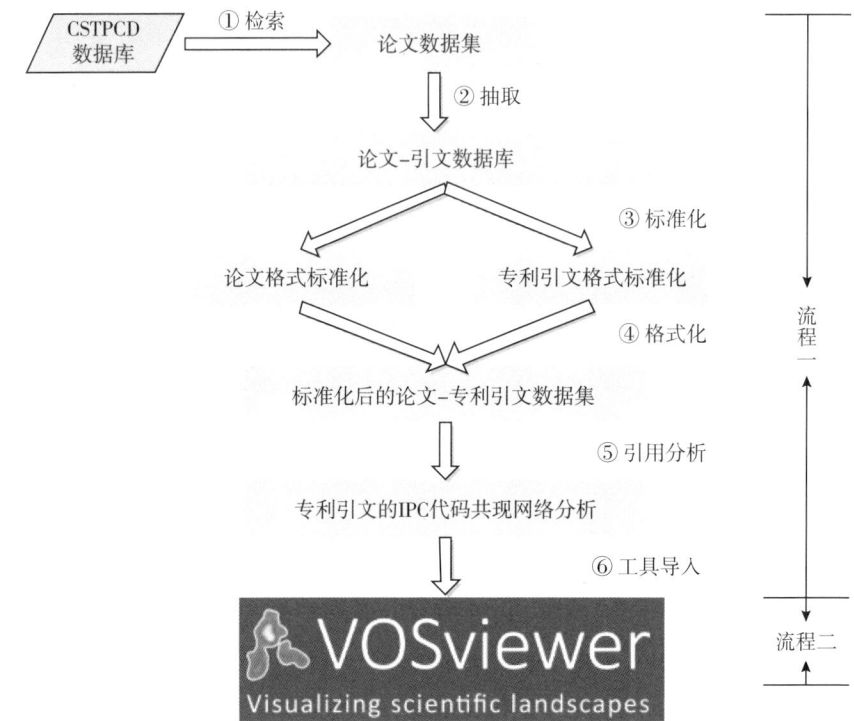

图 5-10 技术领域群对科学进步的影响分析的实现流程

3. 研究方法

这里的研究是基于专利的 IPC 分类代码的，包括 IPC 分类代码统计、IPC 分类代码共现网络分析和 IPC 分类代码共现网络聚类分析。

IPC，即国际分类法（International Patent Classification），是一种国际公认、通用的管理和利用专利文献的工具，使各国专利文献拥有了统一的分类工具，方便对专利文献进行分类管理、使用和查找。利用 IPC 分类表编排专利文献，可使用户方便地从中获得技术上和法律上的信息，是专利所涉及技术领域的标识。

它包括 8 个部（A-H），分别是：A 部——人类生活所需（农、轻、医）；B 部——作业、运输；C 部——化学、冶金；D 部——纺织、造纸；E 部——固定建筑物；F 部——机械工程、照明、加热、武器、爆破；G 部——物理；

第五章　论文引用专利视角下的技术对科学的影响

H 部——电学。其中，每个部下面又可以进一步按照大类、小类、主组和分组等层级分类。上面专利的分类号为 H04J14/02，亦即属于"H 电学"部"04 电通信技术"大类"J 多路复用通信"小类"14/00 光多路复用系统"主组"/02 波分复用系统"分组。

国际专利分类代码，是按技术主题进行划分的，亦即同样的技术主题被归并到同一类别中，位于 IPC 分类表中的同一位置，这样可以保证与某发明技术主题密切相关的发明专利都尽可能的位于同一类，以便于专利的检索、查询等。

① IPC 分类代码统计分析

IPC 分类代码统计分析是指运用统计方法及与分析对象有关的知识，从定量与定性的结合上进行的研究。

这里运用定量与定性相结合的思路，统计论文引用的专利信息，主要是专利的 IPC 分类代码，进而衡量重要的分类代码。

② IPC 分类代码共现网络分析

关键词共现分析，是文献计量学常用的研究方法，这种方法通过描述关键词与关键词之间的关联与结合，揭示某一领域学术研究内容的内在相关性和学科领域的微观结构；按照网络分析的术语、词的共现形成了网络中的链接，该方法可以用于展示学科的发展动态和发展趋势。

IPC 分类代码共现分析，作为专利分析法中一种，来源于关键词共现分析，是鉴于一件专利往往包含多个 IPC，通过描述分类代码与分类代码之间的关联与结合，反映某一个技术领域的研究内容的内在相关性和技术领域的内在结构。

IPC 分类代码共现网络中节点表征 IPC 分类代码，节点大小与 IPC 的频次成正比，而连线体现的是 IPC 分类代码的共现关系，连线的粗细与它们之间的共现频次成正比。此外，通过共现网络分析，可以采用网络中节点的度数、中介中心度等指标计量重要的节点，也可以网络中连线的度数、中介中心度等指标衡量关键的连线。

③ IPC 分类代码共现网络聚类分析

在 IPC 分类代码共现网络系统中，节点 IPC 分类代码是专利知识有序化的起点，通过对节点的研究，将离散的节点按照一定的结构规律组合、集成和自适应后，可以发现和挖掘隐含的、未知的和潜在的聚类（知识群），利用节点间的共现关联发现节点间逻辑关联关系；进而通过文本挖掘、知识发现等手段探寻节点之间的关联程度，发现以往没有发现的某些知识之间的关系，从而实现知识的重组和再造，完成知识创新。

如图 5-11 所示，在离散产生的 IPC 分类代码（KU_1、KU_2、KU_3、KU_4、KU_5、KU_6、KU_7、KU_8、KU_9、KU_i、KU_r、KU_m 和 KU_n）的基础上，采用层次聚类的思想，就是将系统中具有强相似属性的节点合并到一起，成为一个大类（KU_1 与 KU_5 一类、KU_9 与 KU_i 一类、KU_2 与 KU_m 与 KU_7 与 KU_8 与 KU_4 一类、KU_r 与 KU_n 一类），之后将较强相似属性的节点汇并到一起成为一个新类（KU_1、KU_5、KU_9 与 KU_i 为一新类、KU_3、KU_r 与 KU_n 为一新类），最后所有的节点聚合到一起。这里节点合并成为一个类，就是知识群，其中 KU_1 与 KU_5 一类知识群 i 与 KU_1、KU_5、KU_9 与 KU_i 一类知识群 j 的区别在于彼此聚集到一起的相似程度 λ 不同。

这样 IPC 分类代码共现形成的共现网络聚类，可以展示技术领域的结构特征、揭示其关键技术和主要技术路径；进一步结合共现网络结构特征随时间轴的变化，可以反映技术领域的动态演变，并预测未来技术的发展趋势。

④ 知识图谱分析

知识图谱（Knowledge Mapping）是显示知识发展进程与结构关系的一系列各种不同的图形，通过信息可视化等方法和技术，描述知识资源及其载体，挖掘、分析、构建和显示知识及其之间的相互联系[72]。

知识图谱以引文分析、共现分析、词频分析等方法为基础，综合了计算机科学、图形学、信息可视化、数据挖掘、数学等学科理论和方法，可以以图像图形的形式形象地展现科学领域的发展历程、研究现状及热点前沿，并揭示科学知识之间的联系与知识的发展规律，为科学研究提供有价值的参考。

知识图谱具有"图"和"谱"的双重性质与特征。作为对科学知识及其间的关系可视化所得出的结果，具有较为直观、定量、简单与客观等诸多优点，是一种有效的、综合性的可视化分析方法和工具，被广泛应用并取得较可靠的

第五章　论文引用专利视角下的技术对科学的影响

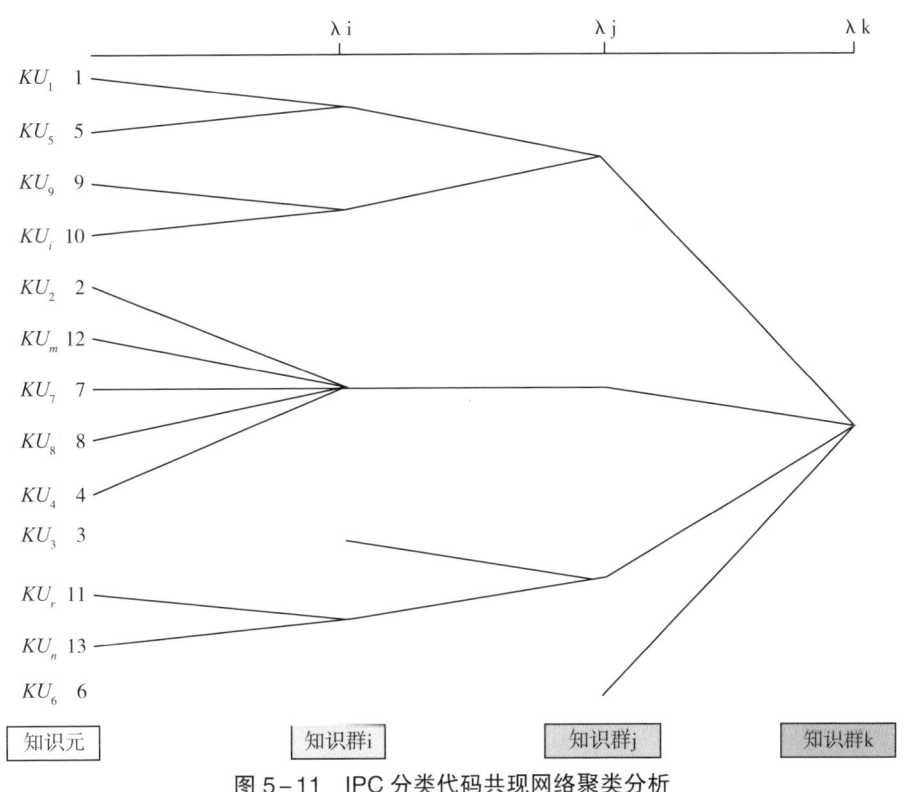

图5-11　IPC分类代码共现网络聚类分析

结论[73]。

目前知识图谱已经成为科学计量学、管理学、科学学和情报学等领域的研究热点与实践探索趋势。通过绘制学科知识图谱，应用图示的方法形象地展示各个学科的知识结构与发展过程，为分析学科研究热点、活跃作者和核心机构提供了独特的视角[74]。

4. 研究数据

在CSTPCD数据库，所有的科技论文被划分为40个学科，包括临床医学、计算技术、中医学、农学、电子、通讯与自动控制、地学、预防医学与卫生学、环境、基础医学、生物学、土木建筑、化工、药学、交通运输、能源科学技术、冶金、金属学、化学、畜牧、兽医、物理学、机械、仪表、矿山工程

167

技术、动力与电气、食品、军事医学与特种医学、航空航天、材料科学、测绘科学技术、数学、林学、轻工、纺织、水利、水产学、工程与技术基础学科、信息、系统科学、管理、力学、天文学、核科学技术、安全科学技术等。

鉴于专利引文数据较多，且涉及多个国家或地区、组织的专利数据，需要从多个国家或地区的专利数据库中检索、清洗、下载和统计，本节选择"信息、系统科学"下的专利引文作为分析对象，探讨"什么样的技术对信息、系统科学领域"有影响、有贡献，甚至采用一定的指标衡量影响大小、贡献大小，等等。

5. 结果解读

① 被引专利分布

由图5-12可见，在"信息、系统科学"领域，我国2009—2012年共引用了502件中国专利，其中在2012年引用的中国专利最多，为226件。

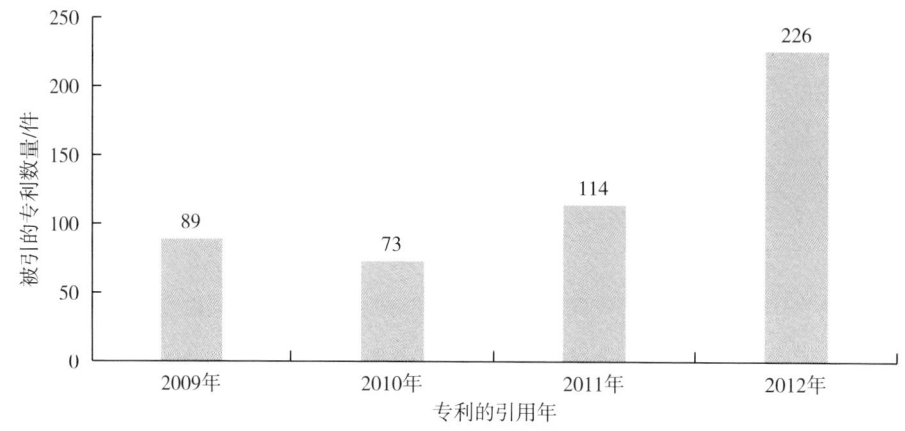

图5-12 我国"信息、系统科学"领域引用的中国专利年度分布

② 节点（IPC分类代码）分析

在这502件中国专利中，一共涉及620项IPC分类代码，其中出现频次最多的IPC分类代码为H04L29/06，其合计出现了31次；紧随其后的是分类代码为G06F17/30，共出现了20次；位列第三的是H04L12/24，为19次，见图5-13。

第五章　论文引用专利视角下的技术对科学的影响

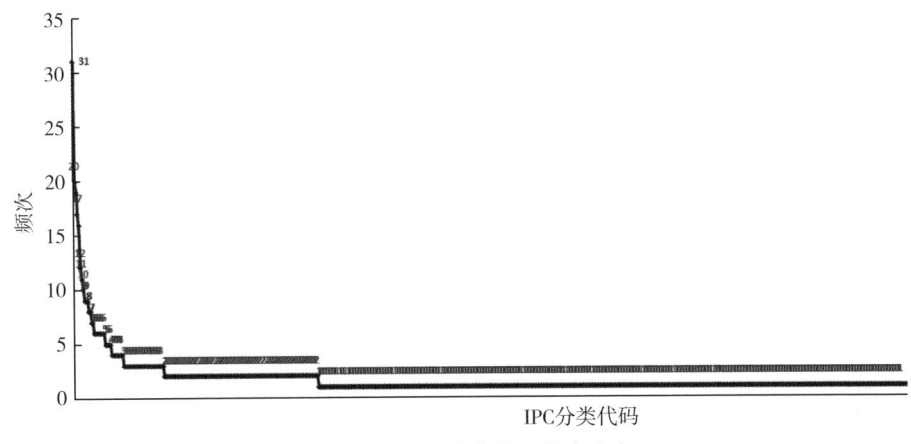

图 5-13　IPC 分类代码频次分布

如表 5-17 所示，出现频次最多的是 IPC 代码"H04L29/06"，其频次为 31 次，寓意为"装置、设备、电路和系统：以协议为特征"；位列第二的是"G06F17/30"，频次为 20 次，指的是"信息检索：数据库结构"；之后则是 IPC 代码"H04L12/24"，以 19 次位列第三，意指"维护或管理的安排"。

频次大于 5 次的 IPC 分类代码，合计有 23 项，主要是 G 部物理（10/23）和 H 部电学（13/23），其中尤以 G06 大类"计算；推算；计数"（9/23）和 H04 大类"电通信技术"（12/23）为多。

在 IPC 分类下的部、大类后，小类 H04L 数量最多，其频数为 9 次，比例则是 39.1%，表示的是"数字信息的传输，例如电报通信"；之后则是 G06F，频次为 5 次，比例是 21.7%，指的是"电数字数据处理"；位列第三的是 G06T，频次是 2 次，比例是 8.7%，亦即"一般的图像数据处理或产生"；其余的小类 G01S、G06K、G06Q、H02J、H04B、H04N 和 H04Q 则都出现了一次。

表 5-17 主要的 IPC 分类代码及其出现频次（频次 5 次）

序号	IPC 代码	数量	译意
1	H04L29/06	31	装置、设备、电路和系统：以协议为特征
2	G06F17/30	20	信息检索；数据库结构
3	H04L12/24	19	维护或管理的安排
4	G06K9/00	17	用于阅读或识别印刷或书写字符或者用于识别图形，例如，指纹的方法或装置
5	H04L12/56	16	分组交换系统
6	H04L9/00	12	保密或安全通信装置
7	H04L12/28	11	以路径配置为特征，例如：局域网或广域网
8	H04L9/32	10	用于检验系统用户的身份或凭据的装置
9	G06F9/44	9	执行具体方案的安排
10	G06T7/00	9	图像分析，例如从位像到非位像
11	H04L12/46	9	网络互连
12	G06F11/36	8	通过软件的测试或调试防止错误
13	G06F9/46	8	多道程序安排
14	G06Q10/00	7	专门适用于行政、商业、金融、管理、监督或预测目的的数据处理系统或方法；其他类目不包含的适用于行政、商业、金融、管理、监督或预测目的的处理系统或方法
15	H04L12/58	7	信息交换系统
16	G01S5/02	6	利用无线电波通过确定两个或更多个方向或位置的配合来定位，或通过确定两个或更多个距离的配合进行定位
17	G06F17/50	6	计算机辅助设计，特别适用于特定功能的数字计算设备或数据处理设备或数据处理方法
18	G06T5/00	6	图像的增强或复原，如从位像建立一个类似的图形
19	H02J13/00	6	对网络情况提供远距离指示的电路装置，例如网络中每个电路保护器的开合情况的瞬时记录；对配电网络中的开关装置进行远距离控制的电路装置，例如用网络传送的脉冲编码信号接入或断开电流用户

第五章 论文引用专利视角下的技术对科学的影响

续表

序号	IPC 代码	数量	译意
20	H04B7/26	6	无线传输系统
21	H04L29/08	6	数字信息的传输，例如信息通信；
22	H04N13/00	6	图像通信：如电视、立体电视系统等
23	H04Q7/38	6	用于接通到来自移动用户的呼叫装置

根据节点的度数指标衡量，如表5-18所示，排列首位的是度数为55的分类代码H04L29/06，亦即"装置、设备、电路和系统：以协议为特征"，体现了它在整个分类代码共现网络中的影响力；位列第二的是H04L12/56，度数是37，表示的是"分组交换系统"；之后则是度数是28的IPC分类代码H04L12/24，指的是"维护或管理的安排"。

位列前五的都是H部"电学"下的专利，甚至都是小类H04L"数字信息的传输，例如电报通信"下的专利数据，尤以主组H04L12/00为甚，亦即电通信技术领域下的"数据交换网络"专利。

表5-18 主要的IPC分类代码及其度数（度数18次）

序号	IPC 代码	度数	译意
1	H04L29/06	55	装置、设备、电路和系统：以协议为特征
2	H04L12/56	37	分组交换系统
3	H04L12/24	28	维护或管理的安排
4	H04L12/28	24	以路径配置为特征，例如：局域网或广域网
5	H04L12/46	21	网络互连
6	G06K9/00	19	用于阅读或识别印刷或书写字符或者用于识别图形，例如，指纹的方法或装置
7	G06T7/00	19	图像分析，例如从位像到非位像
8	A01N43/78	19	1,3-Thiazoles; Hydrogenated 1,3-thiazoles

③连线(IPC分类代码间联系)分析

在整个IPC分类代码共现网络中,一共有878条连线,其中频数为8次的连线有2条、频数为1次的连线1条、频数为6次的连线有1条、频数为5次的连线有3条、频数为4次的连线有9条、频数为3次的连线是5条、频数为2次的连线是115条、频数为1次的连线则是742条。

如表5-19所示,主要的连线依然是H部"电学"下的专利之间的联系,主要是H04L12/24和H04L12/56之间的联系、H04L12/56和H04L29/06之间的联系、H04L12/46和H04L12/56之间的联系,等等。

表5-19 IPC分类代码共现网络中主要连线及其频数(频数4次)

序号	IPC 代码 1	IPC 代码 2	频数
1	H04L12/24	H04L12/56	8
2	H04L12/56	H04L29/06	8
3	H04L12/46	H04L12/56	7
4	H04L12/24	H04L29/06	6
5	G06K9/00	G06K9/20	5
6	H04L12/24	H04L12/46	5
7	H04L12/28	H04L12/56	5

④技术领域群(IPC分类代码群)分析

图5-14体现的是IPC分类代码共现网络中最大的联通子图,包括137个节点和257条连线,涉及19个子类。

最大的子类包括13个IPC分类代码,包括IPC分类代码E04D13/18、E04H1/12、E04H6/02、G03B29/00、G05B19/05、G09B5/02、G09F13/04、G09F9/00、G09F9/33、G09F9/35、H02J7/00、H02N6/00、H05B37/02等。

如图5-15所示,整个IPC分类代码共现网络一共包括25个聚类,主要的聚类有5个,分别可以归纳为以小类"A01N"为主的聚类1、以小类"H04L"为主的聚类2、以小类"G06F"为主的聚类3、以小类"G06K"为主的聚类4和以小类"C07C"为主的聚类5。

第五章 论文引用专利视角下的技术对科学的影响

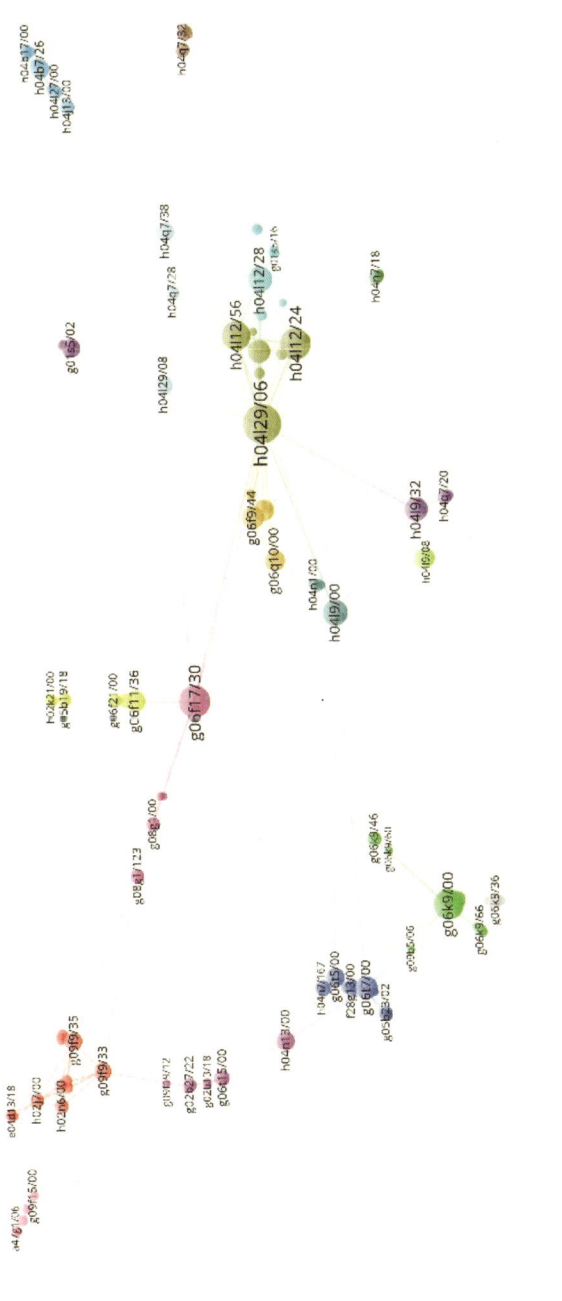

图 5-14 IPC 分类代码共现网络的最大联通子图分析

论文专利互引下的科学和技术之间的联系研究

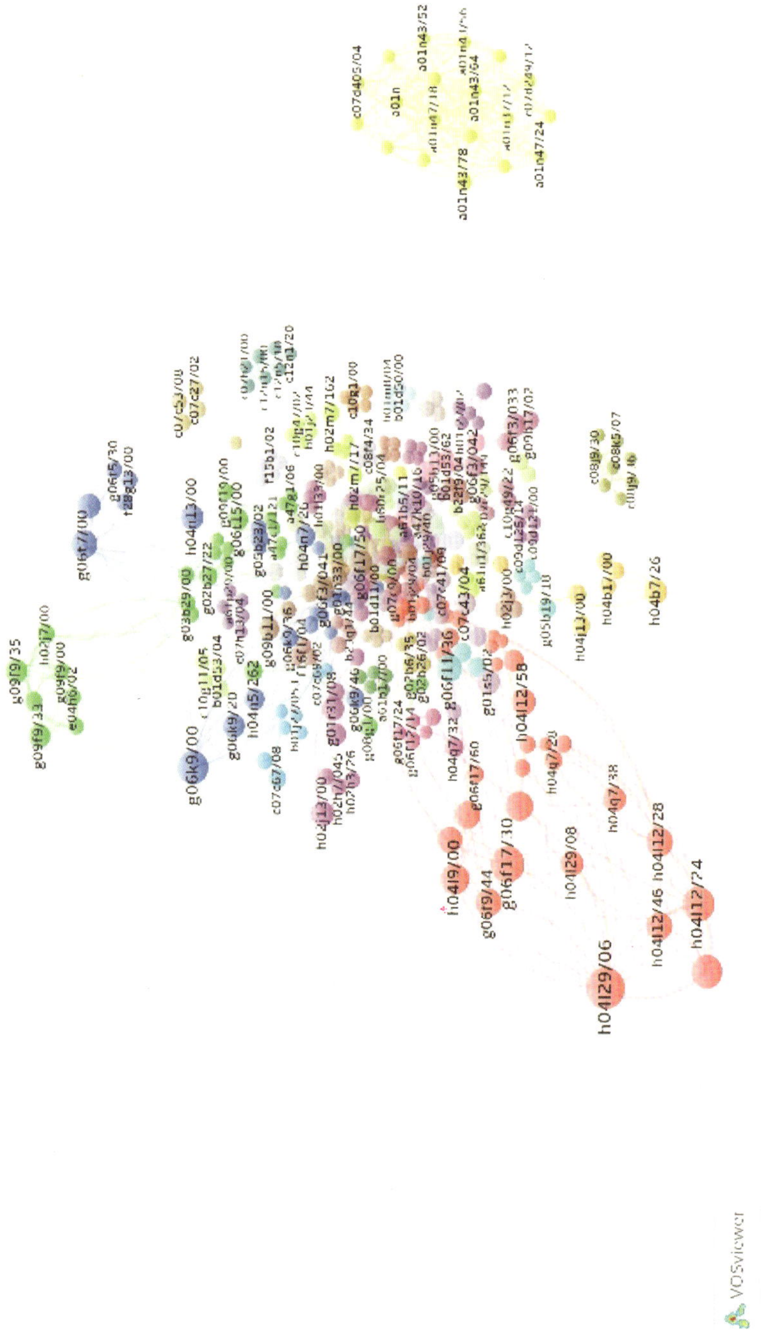

图 5-15 IPC 分类代码共现网络聚类分析

第五章 论文引用专利视角下的技术对科学的影响

由表5-20可见，聚类1包含20个IPC分类代码，主要是"A01N"下的IPC分类代码，表征的是"人体、动植物体或其局部的保存"相关的技术，涵盖有A01N37/12、A01N37/18、A01N37/50、A01N43/52、A01N43/56、A01N43/64、A01N43/78等代码，亦即"含有基团，其中Cn是指不含环的碳架；其硫代类似物""含有CON基团，例如羧酸酰胺或酰亚胺；其硫代类似物""具有带3个氮原子作为仅有的环杂原子的环"，等等。

聚类2包含40个IPC分类代码，主要是"H04L"下的IPC分类代码，表示的是"数字信息的传输，例如电报通信"相关的技术，涵盖有H04L12/00、H04L12/24、H04L12/26、H04L12/28、H04L12/46、H04L12/54、H04L12/56、H04L12/58、H04L12/64等代码，指的是"数据交换网络""以通路配置为特征的，例如局域网或广域网""存储转发交换系统""混合交换系统"，等等。

聚类3包含31个IPC分类代码，主要是"G06F"下的IPC分类代码，表示的是"电数字数据处理"相关的技术，包括有G06F13/00、G06F3/0、G06F9/445、G06F9/45等代码，具体指的是"信息或其他信号在存储器、输入/输出设备或者中央处理机之间的互联或传送""用于将所要处理的数据转变成为计算机能够处理的形式的输入装置；用于将数据从处理机传送到输出设备的输出装置，例如，接口装置"，等等。

聚类4包含28个IPC分类代码，主要是"G06K"下的IPC分类代码，表示的是"数据识别；数据表示；记录载体；记录载体的处理"相关的技术，含有G06K9/00、G06K9/20、G06K9/34、G06K9/36、G06K9/46、G06K9/60、G06K9/66等代码，具体指的是"用于阅读或识别印刷或书写字符或者用于识别图形，例如，指纹的方法或装置""图像捕获""图像预处理，即无须判定关于图像的同一性而进行的图像信息处理""图像捕获和多种预处理作用的组合"，等等。

聚类5包含21个IPC分类代码，主要是"C07C"下的IPC分类代码，表示的是"无环或碳环化合物"相关的技术，含有C07C41/01、C07C41/09、C07C41/42等代码，具体指的是"醚的制备""含有COOC基的化合物的制备"，等等。

表 5-20　IPC 分类代码共现网络中的主要聚类及其标签分析

序号	聚类标签	聚类意义	主要的 IPC 分类代码	成员数
1	A01N	人体、动植物体或其局部的保存	A01N37/12 A01N37/18 A01N37/50 A01N43/52 A01N43/56 A01N43/64 A01N43/78 A01N47/18 A01N47/20 A01N47/24 A01N47/34 A01N47/38 ……	20
2	H04L	数字信息的传输，例如电报通信	H04L12/00 H04L12/24 H04L12/26 H04L12/28 H04L12/46 H04L12/54 H04L12/56 H04L12/58 H04L12/64 H04L12/66 H04L29/06 H04L29/08 H04L29/12 H04L7/00 H04L9/00 H04L9/08 ……	40
3	G06F	电数字数据处理	G06F13/00 G06F3/0 G06F9/445 G06F9/45 ……	31

续表

序号	聚类标签	聚类意义	主要的IPC分类代码	成员数
4	G06K	数据识别；数据表示；记录载体；记录载体的处理	G06K9/00 G06K9/20 G06K9/34 G06K9/36 G06K9/46 G06K9/60 G06K9/66 ……	28
5	C07C	无环或碳环化合物	C07C41/01 C07C41/09 C07C41/42 C07C43/04 ……	21

六、本节小结

1. 我国科学的技术关联度为0.33%

通过统计分析2009—2012年的中国科技论文，我们发现，我国的科技论文主要引用的参考文献类型为期刊论文、学术书籍、学位论文、科技报告、技术专利等。

尽管技术专利并不是最重要的引文类型，但是每年大约有0.33%的引文是技术专利。若以我国科技论文与引文数据库（CSTPCD）中的科学论文表征我国的科学水平，则我国科学的技术关联度为0.33%。

2. 引用专利较多的学科是化工

我国不同学科引用的专利数量或者专利比例差距很大。其中，引用专利比例最高的学科是化工、轻工与纺织等，而引用专利比例最低的学科则是管理、数学、天文学等。

从技术关联度来看，化工学科的技术关联度高达3.97%，甚至有逐年增长的趋势，并在2010年该值高达4.11%。在化工所涵盖的期刊中，《精细化工中间体》的技术关联度最大为14.34%，同时也在逐年增长，并且在2010年上升到18.94%。

我国的科技论文引用的专利主要是来自于美国和中国，不过前者要大于中国的被引专利量；而被引次数最多的单项专利也是来自于美国，是由美国人Hough P V C在1962年申请的专利。

我们以论文发表年与专利申请年之间的差作为技术专利被科学论文引用的时滞，研究了技术专利最容易被科学界认可并加以引用的时间范围。通过分析，我们发现技术专利自申请后的2—4年内，是最容易被科学界所认可，并加以引用的。

在我国的科技论文中，大部分论文并不引用专利。至于引用专利的学术论文，有73.08%的论文的技术关联度不足20%，不过有0.36%的学术论文的技术关联值在100%。

3. 专利引用的规范性亟待加强

尽管专利并不是科技论文的主要引文类型，但是不同学科、不同期刊的差异很大。若研究化工、轻工与纺织、能源科学技术、材料科学、化学等学科，专利作为一种重要的知识来源，应该得到学科内研究人员的广泛关注，其中尤以化工为甚。

在科学技术迅猛发展的今天，专利作为创新的重要体现具有显著的影响。不过，在科学界，我国科研人员对其的关注还远远不够，这一点从学术论文对专利的引用规范程度可见一斑。

此外，我国科技论文引用的专利分布较广，有美国的、日本的、欧洲的、俄罗斯的等，甚至还有苏联的，同时专利的引文格式也有多种，故而在数据清洗方面需要加大力度，提高专利引文的规范程度。

最后，被引专利的语言有多种，需要进一步完善。由于被引专利来源于多个国家，故而专利的写作语言就存在多种，这需要研究人员进一步清洗。

第三节 微观视角——学科层面

研究人员对化学学科的睡美人文献研究发现，化学学科中具有应用导向特征的睡美人文献占比高达 70%[75]，这些睡美人文献均具有应用和技术创新导向。为此，本节以化学领域为例，来探究专利引用对睡美人文献的影响及不同阶段的引用究竟存在何种规律。

一、化学学科确定及数据采集

这里选取 WoS 核心合集中 Angewandte Chemie–International Edition（以下简称：ANGEW）、Journal of the American Chemical Society（以下简称：JACS）、Analytical Chemistry（以下简称：ANAL CHEM）、Journal of Organic Chemistry（以下简称：JOC）4 种高影响力化学期刊所刊载的论文数据为研究对象，检索时间为 2021 年 5 月 14 日，检索表达式为："SO=（Angewandte Chemie–International Edition OR Journal of the American Chemical Society OR Analytical Chemistry OR Journal of Organic Chemistry）"。

1. 原始文献数据集

以 1970 年以来发表的论文为基础数据，为确保每篇论文至少有 10 年的引文窗口期，将检索时间窗口限定在 1970—2010 年，共计获得论文 207 753 篇，构建论文数据总集。

2. 引文数据集

通过 WoS 的引文报告功能获取原始文献集中每篇论文自发表以来到 2020 年历年被引频次及总被引频次（引文截止时间为 2020 年 12 月 31 日），共获得引文文献 14 348 482 篇，构建引文文献数据集。

3. 高被引论文数据集

以上 4 种期刊 5 年影响因子分别为 12.659、14.549、6.642、4.072，平均每篇论文年均被引频次约为 9.5 次。采用已有研究方法[76]，根据期刊 5 年影响因子及 10 年引文时间窗口,将被引频次大于 95 次视为高被引论文,获得高被引论文 39 593 篇,构建高被引论文数据集。

以 39 593 篇高被引文献为基础数据,计算无参数指标 Bcp 值并结合该指数识别标准进行睡美人文献初步识别,最后综合参数指标四分位法识别标准进行最终的睡美人文献识别。通过计算,获得满足睡美人文献标准的文献 7684 篇,占原始文献集 3.7%,高被引论文集 19.4%。

二、睡美人文献分布

对 7684 篇文献按 Bcp 值从大到小排序,摘取前 10% 共 768 篇文献作为本节最终分析对象,Bcp 数值分布范围位于 [2.86, 19.45] 之间,睡美人文献发表年分布如图 5-16 所示。

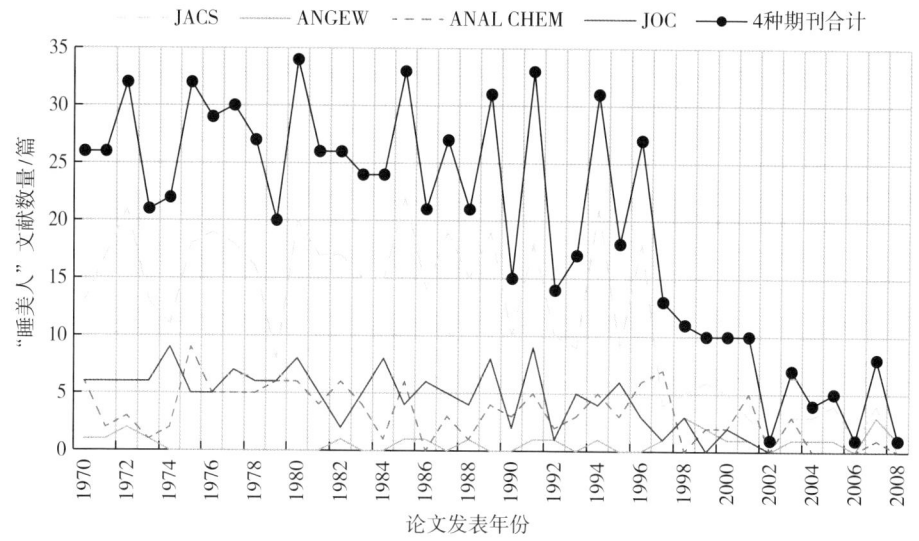

图 5-16 化学学科睡美人文献的发表年分布

从折线趋势观察不同期刊睡美人文献的时间分布规律发现:JACS 为睡美人文献出现概率最高的期刊,1970—2008 年始终位于出现首位,但在 1996 年之后趋向平缓,未再出现高峰。1995 年之前,ANAL CHEM 睡美人文献表现显著低于 JACS，整体较为稳定数量保持在 5 篇左右，1996 年之后趋势下降并出现趋零。JOC 的睡美人文献表现同 ANAL CHEM，但总体处于低水平的起伏不定状态。ANGEW 在 4 本期刊中影响因子位列第二，但睡美人文献出现概率最低，频率始终低于 3 篇。4 本期刊同属化学领域 JCR 分区 Q1 区，从 4 本期刊睡美人文献出现的频率来看，发现与期刊影响因子并无直接相关性，这点有别于 Kokol P. 等关于护理学领域期刊睡美人文献出现频率与期刊影响因子存在正相关的结论[77]。从 4 本期刊折线总体趋势观察，睡美人文献数量主要分布在 1970—1995 年，数量基本保持稳定在年均 25 篇左右；1990—1995 年，睡美人文献数量出现剧烈震荡，增长与消减幅度较大；1996 年开始，"睡美人文献"数量出现大幅下降并一直处于较低水平。究其原因可能来自以下几个方面：一是专利的引用导致大量睡美人文献被提前唤醒[78]；二是信息存储技术的变化导致文献曝光率提升；三是与 20 世纪 90 年代以来网络技术和电子阅读终端的不断发展，纸质期刊开始向网络化和数字化出版转型，文献的可传播性与可获得性加大，导致文献的被发现与被认可时间缩短[79]。

睡美人文献所属国家分布主要集中在美国、日本和德国等发达国家，其中美国以 558 篇的绝对优势领先于其他国家；日本和德国分别以 62 篇和 33 篇分列第二、第三名。从文献作者的所属机构分布来看，麻省理工学院共计 18 篇，位列榜首；印第安纳大学和大阪大学均为 16 篇并列第二；得克萨斯大学和北卡罗来纳大学均发文 15 篇，位居第三。从文献基金项目分布来看，睡美人文献获得美国国立卫生研究院（National Institutes of Health，NIH）、美国卫生部（United States Department of Health and Human Services，HHS）资助的篇数最多，一定程度上体现了化学作为医学基础学科的重要地位。

三、专利引用对"睡美人"唤醒的影响

基于 Lens 专利与论文引用检索平台，检索 768 篇睡美人文献被专利引用情况，检索截止时间为 2021 年 6 月 7 日。经检索，发现共有 463 篇被专利所引用，占比 60.3%；最高被专利引用 297 次，最低 1 次，篇均被引用 13.26 次。被引频次高于平均值的文献共有 103 篇，占比 22.2%。根据已有研究，WoS 数

据库中论文约有4%会被专利所引用[4],可见化学领域的睡美人文献相较于普通文献更容易被专利引用,具有更强的潜在技术影响。

1. 论文发表与专利引用时滞特征

基于时间维度衡量睡美人文献,可以分为沉睡期与苏醒期两个阶段。本节定义首项施引专利申请年为专利对睡美人文献产生影响的开始时间,我们这里称之为论文"触发年"。通过统计463篇论文的触发年,发现共有311篇睡美人文献(占比67.2%)的触发年是在沉睡期间,29.4%的睡美人文献的触发年是在苏醒后,而睡美人文献的唤醒年与触发年在同一年的占比3.5%。化学既是一门基础性科学,也是一门应用性科学,兼具科学属性与技术属性。较高比例睡美人文献在沉睡期就得到专利的引用,充分表明化学是一门应用导向型的基础学科,科学与技术知识流动特征显著,而这也是本文选择化学期刊进行研究的初衷。

定义论文发表年与触发年的引用时间差为引用时滞,则:

$$Tg=Tp-Ts$$

其中,Tg为引用时滞,Ts为论文触发年(首次被专利引用时间),Tp为论文发表年。如论文发表于1970年,首次被专利引用于1975年,则$Tg=5$。触发年发生在沉睡期间的311篇文献Tg值分布范围在[0,36]之间。如图5-17所示,1970—2010年,Tg年度均值总体呈现下降趋势,睡美人文献自发表到首次被专利引用时滞越来越短。由此表明,近年来化学领域科学与技术之间的知识流动愈发频繁,具有技术属性的睡美人文献越来越早被发现。换句话讲,睡美人文献中蕴含的变革性创新或突破抑或率先在技术领域被发现、认可,见图5-17。

第五章　论文引用专利视角下的技术对科学的影响

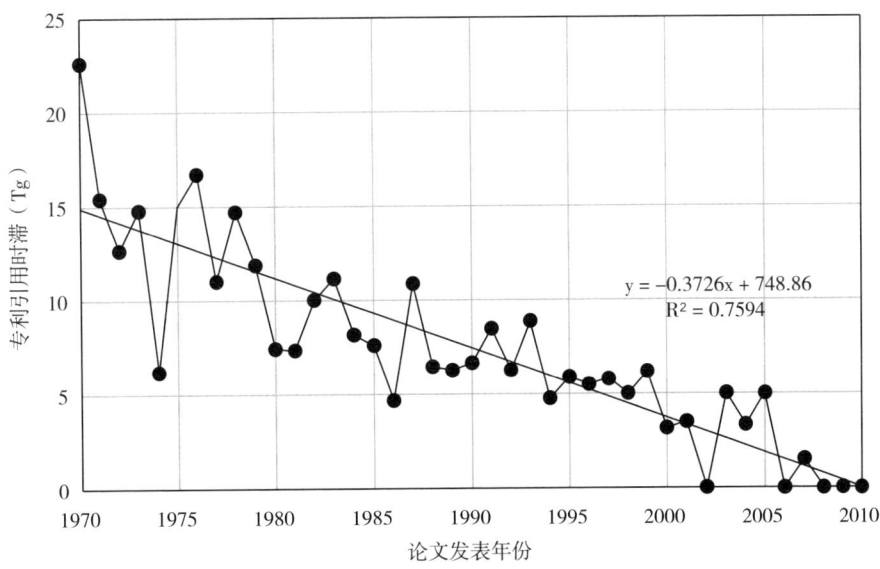

图 5-17　睡美人文献发表与专利引用时滞分布

2. 睡美人沉睡期的专利引用分析

睡美人文献的唤醒需要王子文献或者王子专利的帮助[80]，专利引用对睡美人文献的唤醒究竟存在什么样的影响？

定义睡美人文献唤醒年与其首次被专利引用触发的时滞为 Tg'，则：

$$Tg' = Tw - Ts$$

其中，Tg' 为引用时滞，Tw 为论文唤醒年，Ts 为论文触发年。如某篇睡美人文献于1995年首次被专利引用，1998年唤醒，则 Tg'=3。触发年发生在沉睡期的311篇睡美人文献的 Tg' 值介于 [1, 37] 之间。如图 5-18 所示，1970—2010 年，Tg' 年度均值整体呈现下降趋势，表明睡美人被专利引用后唤醒时间正在逐渐缩短，专利引用对睡美人的"牵引"作用愈发显著。1970—2010 年（设定时间间隔为 5 年）Tg' 年度均值分别为 14.66、13.47、12.32、11.58、7.79、7.04、4.73、1.3。由此可见，20 世纪 90 年代以来，睡美人文献被专利引用后唤醒速度明显加快，技术的快速发展离不开科学的进步，而早期科学的认可也同样需要技术的证明。

183

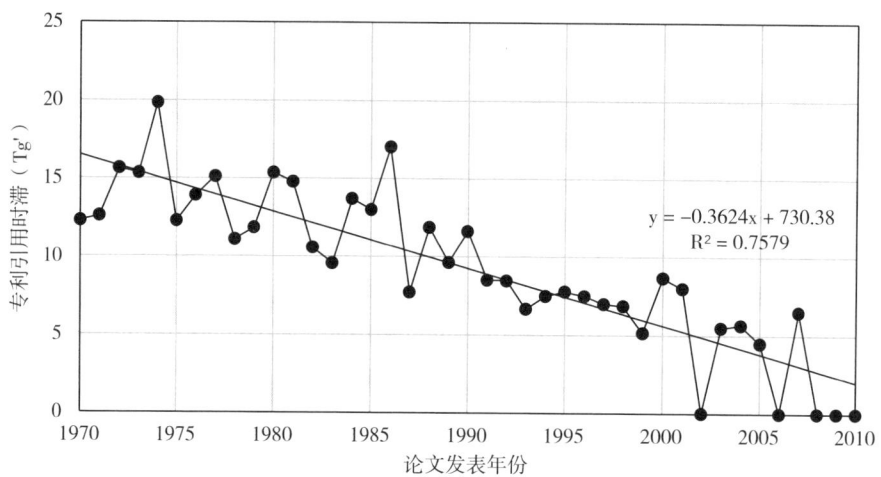

图 5-18 睡美人文献沉睡期专利引用时滞分布

如图 5-19 所示,进一步比较专利引用与非专利引用对睡美人沉睡时长的影响不难发现,无论是否为专利所引用,1970—2010 年,768 篇睡美人文献沉睡时长均值都越来越短。对沉睡时间曲线拟合表明,相较于非专利引用唤醒的睡美人文献,专利引用对睡美人沉睡时长的影响更为显著。

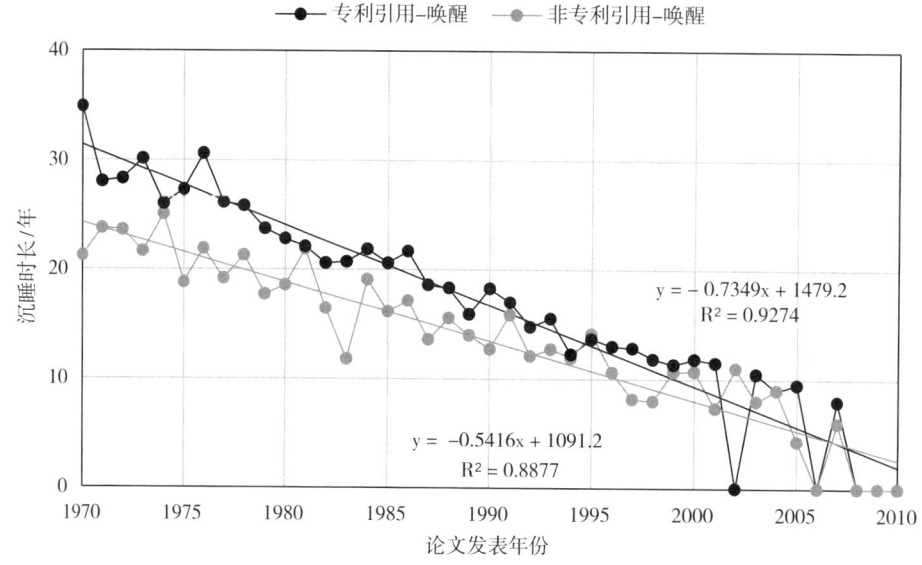

图 5-19 专利引用与非专利引用对沉睡时长影响

第五章 论文引用专利视角下的技术对科学的影响

综上所述，睡美人文献近年来越来越早地被唤醒，技术与科学层面的影响均对睡美人文献的唤醒发挥了重要作用。但相比较而言，技术对于睡美人文献的唤醒所起作用更为显著，这一点在应用与技术导向较为明显的化学领域表现尤为突出，也再次验证前人"睡美人文献越来越早被技术王子唤醒"的结论[4]。睡美人文献在沉睡期率先被专利所引用，意味着超前性或变革性研究首先在技术领域被认识和承认，技术潜力初现。作为知识流动的一种重要方式，专利引用睡美人文献不仅扩大了变革性成果的溢出效应，同时也为知识增值提供了条件。

3. 睡美人唤醒后的专利引用分析

技术领域的探索会带动科学领域较早被发现、被引用，亦即被唤醒。那么，发生在睡美人文献唤醒之后的专利引用对科技知识的流动又有何影响？1970—2010年，136篇首次专利引用发生在唤醒之后的睡美人文献历年 Tg' 均值如图5-20所示。Tg' 年度均值整体呈现波动递减趋势，表明睡美人文献唤醒后被专利引用的时滞同样在逐渐缩短，趋势线拟合 $R^2=0.5951$，相较沉睡期引用时滞的折线拟合度并不理想。2000年之前，引用时滞变化幅度剧烈震荡；2001年后，睡美人文献唤醒年与其首次被专利引用触发的时滞趋零。也就是说，越是最新发表的睡美人文献，其唤醒后被专利首次引用的时滞同样越来越短。

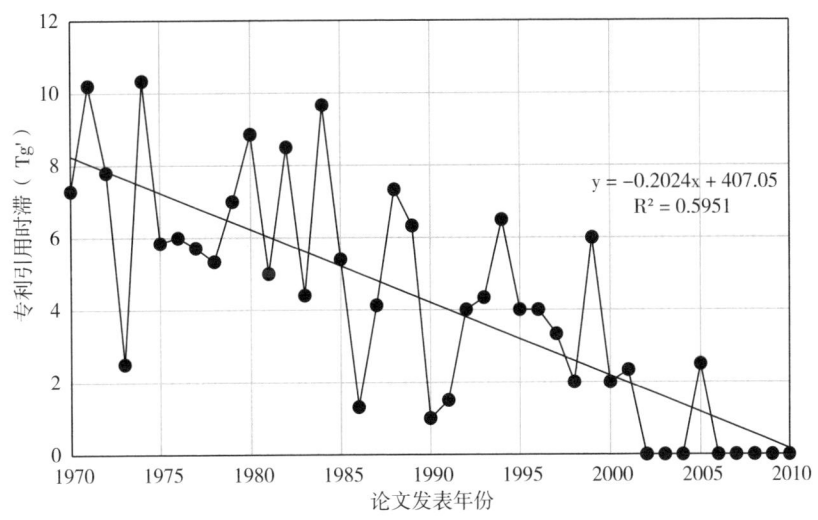

图5-20 睡美人文献唤醒后专利引用时滞分布

论文专利互引下的科学和技术之间的联系研究

除时间维度外,引文是揭示睡美人文献特征的另一个重要维度。值得关注的是,唤醒后的睡美人文献被专利引用表现并不乐观,136篇睡美人文献篇均被专利引用5.83次,远低于311篇首次专利引用发生在沉睡期间20.05次的篇均被引值。由此看来,唤醒后的睡美人文献尽管引发技术领域的关注,相比更加广泛的科学关注,专利对睡美人文献唤醒后引文量的增长并未提供明显帮助。

科学和技术是相互依存、相互促进的。睡美人文献所反映的创新成果多是变革性研究,且在本质上可能更具有技术属性。可以认为,若睡美人文献具有潜在技术价值但并未得到技术领域的优先关注,一旦被科学领域优先关注,该篇文献涉及相关技术的新颖性将出现下降,在技术领域的知识扩散效应减小,但科学领域会在此基础上进一步拓展产生新的发现。

4. 不同演化阶段睡美人文献特征分析

为进一步探索专利引用对睡美人文献产生的影响,借鉴 Van Raan 界定睡美人的参数标准[81],及杜建根据 Bcp 指标算法提出的睡眠时长、睡眠深度、唤醒强度与被引次数突增率指标计算方法[82],分别计算768篇睡美人文献沉睡时长、睡眠深度、唤醒强度及被引突增率相关信息,获取均值。将768篇文献分为被专利引用的文献和无专利引用的文献,被专利引用的文献分为首次施引专利发生在沉睡期和唤醒期两部分,结果如表5-21所示。

表5-21 睡美人文献不同演化阶段特征

	文献类型	睡眠深度	唤醒强度	被引突增率	沉睡时长	总被引
专利引用	沉睡期专利引用	0.290	0.222	-0.068	20.052	565.455
	唤醒期专利引用	0.274	0.198	-0.076	19.985	580.015
	无专利引用	0.315	0.209	-0.105	22.079	299.643

注:根据 Bcp 指标,①沉睡时长:唤醒年与发表年之差,即睡眠期。②睡眠深度:睡眠期末被引次数累计百分比,即论文唤醒前被引累计程度。数值越小,沉睡深度越大。③唤醒强度:睡美人文献唤醒后5年末被引次数累计百分比。④被引突增率:睡美人文献的唤醒强度减去睡眠深度所得值

第五章 论文引用专利视角下的技术对科学的影响

通过对睡美人文献的睡眠深度、唤醒强度等几项指标测度后发现，具有技术属性的睡美人文献在睡眠深度和被引突增率两方面略优于无专利引用的睡美人文献，无专利引用的睡美人文献相较于拥有技术属性的睡美人文献沉睡时间更长。在唤醒强度方面，首次专利引用发生在沉睡期的睡美人文献相较于首次引用发生唤醒期和无专利引用的睡美人文献，在唤醒后更易得到科学界的关注。由此表明，具有技术属性的睡美人文献沉睡时长更短，更容易被唤醒，且较早被技术唤醒的睡美人文献唤醒后在科学层面也更易得到关注。表5-21中4项指标的数值结果差异较小，可能与分析数据集选取量大小有关，但结果已初见端倪。

专利对论文的引用体现了科学知识向技术领域的流动与扩散。如表5-21所示，比较不同文献类型的总被引频次发现，被专利引用过的睡美人文献总被引频次显著高于无专利引用的睡美人文献。由此表明，具有技术属性的睡美人文献在科学层面产生的影响力远大于无技术属性的睡美人文献。从科学计量的角度可以推测，具有技术属性的重大变革性研究成果一旦为专利所引用，其技术变革潜力初现，作为知识流动的一种重要方式，知识将从科学流向技术，并牵引或引发科学领域更多的关注；科学领域的大量引用与关注，推动知识从技术回归科学，并对科学研究产生新的影响。因此，知识流动是双向的，蕴含变革性创新的睡美人文献是技术创新的重要知识基础，而专利则为科学发展提供动力与条件。

四、本节小结

本节以 ANGEW、JACS、ANAL CHEM 和 JOC 4 种期刊数据为基础，应用无参数识别指标 Bcp 指数和参数识别标准四分位数相结合，建立睡美人文献集并摘取 768 篇为样本，从文献发表-专利引用时滞、专利引用-文献唤醒时滞等维度对睡美人文献的唤醒特征进行测度，相关结论与启示如下：

1. 具有技术属性的睡美人文献在发表后首次被专利引用时间越来越短

20世纪90年代以来，睡美人文献一旦被专利所引用，唤醒速度便逐渐加快，证明科学的进步需要技术推动的同时，技术的发展同样离不开科学的进步。科学技术化与技术科学化已成为现代科学技术的鲜明特征，21世纪以来，科学与技术的发展逐渐形成"你中有我，我中有你"的科技共同体，二者在未来必将融合更为密切。

2. 科研大环境的与日俱新同样对睡美人文献的唤醒起到至关重要的作用

以往研究结论得出睡美人文献越来越早被技术王子而非科学王子唤醒的结论，在本节再次加以证实。睡美人文献的唤醒无论是否存在专利引用影响，受现代信息存储技术的变化，以及网络技术和电子阅读终端的不断发展，文献的可传播性与可获得性加大，睡美人文献的沉睡时长均逐年缩短，而且被专利引用过的睡美人文献沉睡时长缩短更为显著。

3. 睡美人文献的技术属性若未优先得到关注，其技术潜力将很快出现下降

首次专利引用发生在苏醒期间的睡美人文献被专利引用的频次远不及发生在沉睡期间的睡美人文献，但科学文献对其引用频次骤增。有理由认为，兼具科学与技术属性的睡美人文献若未得到技术领域的优先青睐，文献所蕴含相关技术的新颖性将出现下降，知识自科学向技术流动或扩散的效应显著降低；与此同时，文献受到科学界的认同，科学领域在此基础上进一步拓展产生新的发现。

4. 具有技术性的睡美人文献沉睡时间更短

基于睡美人文献沉睡时长、睡眠深度、唤醒强度等5个参数指标探索专利引用对睡美人文献产生何种影响。结果表明，具有技术属性的睡美人文献沉睡时间更短，沉睡期被专利引用的睡美人文献在唤醒后更易在科学层面得到更广泛关注。同时，相较于无技术属性的睡美人文献，具有技术属性的睡美人文献在科学层面会产生更大的影响力。从科学计量的角度推测，具有技术属性的变革性研究一旦为专利所引用，其技术变革潜力初现，知识将从科学流向技术，并激发科学领域更多的关注，进而推动知识从技术回归科学，对科学研究产生新的影响。

第五章　论文引用专利视角下的技术对科学的影响

第四节　纳观视角——单篇技术专利层面

目前，国内外对于"零被引"的研究，主要集中在零被引论文的分析，包括零被引论文的主题[83]、期刊[84]、学科[85-87]、作者[88]、机构[89]、国家[90,91]、引文结构[92,93]等。其中，零被引论文的定义，是在分析的数据库中，一个国家、机构、期刊或个人某个时期出版的论文集合中，在出版后某个引用时间窗口中未被引用过的论文[94]。这里作者分析的对象是零被引专利，故而可以参考前面零被引论文的概念，将其定义为：在分析的数据库中，一个国家、机构或个人某个时期申请的专利集合中，在公开后某个引用时间窗口中未被引用过的专利。

上面提到的数据库，一般都是同类文献的数据库，即零被引论文的分析数据库是论文数据库，体现的是论文被论文引用的次数为零；而对应的零被引专利的分析数据库是专利数据库，体现的是专利被专利引用的次数为零。在科学计量学，论文的被引次数可直观体现论文的价值和质量[95,96]；同样，在专利计量学中，专利的被引次数亦直接体现了专利的经济价值和技术水平[97-99]。

结合前人的研究成果，可以初步做出一个推断，即同类型数据库中的文献若被引次数为零的话，则表明其价值或质量较差，或者意义不大。那么，零被引真的是被引次数为零吗？结合被引次数的意义，确实毫无价值吗？

论文的被引次数，指的是一篇论文在发表后的一段时间内被后续其他论文引用次数的总和。其中，引用次数指的是论文在后续其他论文的参考文献中出现的次数。根据《GB7714—2015 文后参考文献著录格式》的标注，参考文献可以有普通图书、会议论文、报告、学位论文、专利文献、标准文献、电子资源等多种类型[100]。同时，在本章第二节的分析中我们发现，论文引用的参考文献中除了期刊论文外，还引用了大量的书籍、专利等，其中专利引文总量的比例约占引文总量的 0.33%。

专利在论文的参考文献中出现，亦即专利被论文引用了。那么，是否存在专利被论文引用了，而它在专利这个同类型数据库中的被引次数却为零呢？如果存在这样的专利的话，那么这样的专利是不是价值或质量较差，或者意义不大呢？

论文专利互引下的科学和技术之间的联系研究

一、研究数据

在本章第二节中，我们发现有大量的高被引专利（专利被论文引用的次数），甚至年均被引次数高于5次，如发明人Hough的US3069654、Thomas的GB92/02203、Zabeau的EP92402629、高明智的CN1453298A、Formhals的US1975504，等等。

同时还有一部分专利的"被引次数为零"（即专利在专利数据库中的被引次数为零），但是在CSTPCD中的被引次数却较高。

在表5-22中，第一项专利"滤波减速器"在CSTPCD的论文数据库和DII的专利数据库中都有较高的被引次数，体现的是王家序等人申请的专利在论文和专利等体现的价值方面，都有较高的水平和质量。

表5-22 部分专利在CSTPCD和DII中的引用次数

序号	题目	CSTPCD引用次数	发明人	专利申请号	DII中引用次数	申请日期
1	滤波减速器	11	王家序，肖科，李俊阳，周广武	CN201010104359.5	10	2010.2.1
2	网络化制造系统中的多功能交互式信息终端	11	刘飞，鄢萍，贺德强	CN02113585.1	2	2002.4.6
3	自适应冲击能量吸收装置	10	雷正保，颜海棋	CN200710034933.2	1	2007.5.17
4	一种非接触式大间隙磁力驱动方法	11	谭建平，许焰，廖平，刘云龙，周俊峰，李谭喜	CN200810030545.1	0	2008.1.25
5	辐射型体内张拉成形空间网格结构	11	张毅刚，王成	CN200620113271.9	0	2006.4.29
6	一种加氢催化剂的预硫化方法	10	于守智，高晓冬，陈若雷	CN01134280.3	0	2001.10.30

（DII，Derwent Innovation Index，德温特专利数据库；DII中的被引次数，检索时间2015.12.31）

第五章　论文引用专利视角下的技术对科学的影响

除了第一项专利以外，其他 5 项专利在同类专利数据库中的被引次数较低（专利 2 和专利 3）或者为零（专利 4、专利 5 和专利 6）。按照前人的研究结论，上面这 5 项专利意味着价值或质量较差，或者可能毫无价值，等等。那么，真的如此吗？

下面以专利 6 "一种加氢催化剂的预硫化方法"在 CSTPCD 中的引用为例，尝试从引用内容的角度，探索"零被引专利"的价值。

二、单项"零被引专利"的价值分析

1. "零被引专利（一种加氢催化剂的预硫化方法）"的技术内容解读

该项专利是在 2001 年 10 月 30 日，由中国石油化工股份有限公司和中国石油化工股份有限公司石油化工科学研究院的于守智、高晓冬和陈若雷联合申请的中国专利。

该项发明专利提出了一种加氢催化剂的预硫化方法，包括用一种含硫化烯烃的溶液浸渍一种加氢催化剂，然后在惰性气体下加热该催化剂，所述含硫化烯烃的溶液是温度为室温至 220 ℃，溶解有元素硫的含硫化烯烃的溶液。采用该方法对加氢催化剂进行预硫化，相对于之前的技术发明成果，如于守智、高晓冬和陈若雷在 2000 年申请的同类成果 CN00100400.X[101]，可大大降低催化剂的破碎率，并且可提高硫的保留度[102]。

2. "零被引专利"在 CSTPCD 中的引用分析

"零被引专利"CN01134280.3 在 2009—2012 年的 4 年中被中国科技期刊论文引用了 10 次，分别是在 2005 年、2007 年、2008 年、2009 年、2010 年、2011 年和 2012 年引用的，其中在 2009 年影响最甚，为 4 次，见表 5-23。

论文专利互引下的科学和技术之间的联系研究

表5-23 "零被引专利" CN01134280.3 的10篇施引文献信息

序号	施引第一作者	施引题目	施引期刊	施引单位	施引年份
1	丁伯强	加氢催化剂预硫化技术进展	石化技术与应用	大庆石油学院	2005年
2	汲永钢	2-丁烯合成有机硫化剂的研究	化学与黏合	大庆石油学院	2007年
3	葛晖	硫代硫酸铵预硫化的 MoO3/Al2O3 催化剂的活化和加氢脱硫活性	催化学报	中国科学院山西煤炭化学研究所	2008年
4	任志鹏	非贵金属加氢催化剂的预硫化技术进展	北京石油化工学院学报	北京化工大学	2009年
5	葛晖	硫代硫酸铵预硫化的 Mo/Al2O3 催化剂加氢脱硫反应性能研究	燃料化学学报	中国科学院山西煤炭化学研究所	2009年
6	谢传欣	硫化油生产过程的活性反应危害识别与评估	中国安全生产科学技术	青岛安全工程研究院	2009年
7	陈寻成	RS-1000催化剂在柴油加氢装置上的应用及柴油产品升级探讨	石油炼制与化工	海南炼油化工有限责任公司	2009年
8	张健伟	加氢催化剂预硫化宏观动力学	化学反应工程与工艺	大庆石油学院	2010年
9	鄂强	DN200与DN3551加氢催化剂的硫化过程及工业应用	石化技术与应用	中国石油锦西石化公司	2011年
10	尚玉光	硫粉改性Mo基耐硫甲烷化催化剂	石油化工	天津大学	2012年

由表5-23可见，该项技术发明主要影响到了大庆石油学院、中国科学院山西煤炭化学研究所、北京化工大学、青岛安全工程研究院、海南炼油化工有限责任公司、中国石油锦西石化公司、天津大学等大学、研究所的研究人员丁伯强、汲永钢、葛晖、任志鹏等人。

从施引期刊的角度来看，技术发明"一种加氢催化剂的预硫化方法"影响到了《石化技术与应用》《化学与黏合》《催化学报》《北京石油化工学院学报》《燃料化学学报》《中国安全生产科学技术》《石油炼制与化工》《化学反应工程与工艺》《石化技术与应用》《石油化工》等科技期刊。

第五章 论文引用专利视角下的技术对科学的影响

结合施引期刊所属的学科分类（在 CSTPCD 中，1 份期刊可以属于多个学科分类），该项技术发明主要影响到了精细化学工程、应用化学工程、能源科学综合、安全科学技术、石油天然气工程等领域，其中，对石油天然气工程影响最大，为 5 次；其次是化学，为 3 次。

3. "零被引专利"在 CSTPCD 中施引文献内容分析

根据表 5-23 的信息，笔者进一步在 CSTPCD 中检索这 10 篇施引文献，并下载这些文献的标题、摘要和关键词。从施引文献内容的角度出发，探讨该项技术发明的技术影响主题。

① 分析流程

从图 5-21 可见，接下来的分析有 5 个步骤，包括数据、数据清洗、中文自然语言处理、内容分析和数据可视化等。

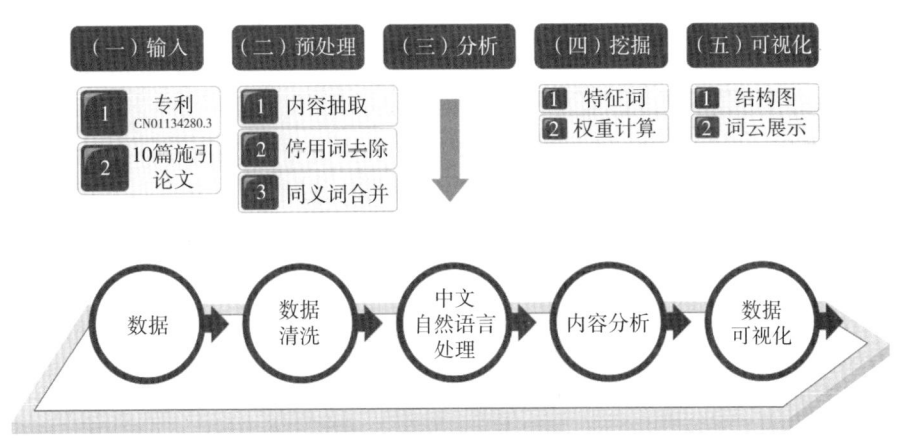

图 5-21 基于内容分析的"零被引专利" CN01134280.3 的影响计量

在数据处，主要是输入"零被引专利" CN01134280.3 和 10 篇施引论文的信息；之后，对提取的数据进行数据清洗，主要是抽取"零被引专利" CN01134280.3 的题目、摘要、主权项等表征技术发明思想的著录项；同时，抽取10 篇施引论文的标题、摘要、关键词等表达期刊论文主题的著录项；进而，对前面提取到的专利和施引论文的内容进行停用词去除、同义词合并等预处理。

在中文自然语言处理处,对前面抽取的内容进行分词处理,挖掘表征主题内容的特征词,并采用tf*idf算法计算不同特征词的权重,识别与出现次数成正比,但与出现的论文频率成反比的重要的研究主题[103]。

之后,采用词云图谱的方式,对这些施引文献的研究主题进行可视化展示与分析。这里的词云图谱,类似于标签云图(tag cloud),其中图谱中的标签体现的是挖掘出的重要的研究主题词,而标签的重要性(权重)通过主题词的大小、颜色、位置等来体现。这种词云图谱可以通过主题的颜色、主题词的大小、主题在图谱中所处的位置等,直观展示受"零被引专利"CN01134280.3影响的主要研究主题,以及不同研究主题受影响的程度等。

② 施引文献主题分析

如图5-22所示,"零被引专利"影响到的研究主题,包括硫化、催化剂、加氢、脱硫、柴油、硫代硫酸铵、硫化剂、甲烷、丁烯、硫含量、氧化钼、噻吩、硫化氢等。

图5-22 基于词云图谱的"零被引专利"影响的研究主题分布

第五章　论文引用专利视角下的技术对科学的影响

在原料油的深度加工中，加氢的催化剂可以提高轻质油的收率，并脱除油品中的硫、氮、氧及金属杂质，改善石油产品质量，减少对大气的污染[104]。同时，在加氢的催化剂中含镍、钴、钼、钨等常用的元素，此外，还可能有氟、磷、硼等助催化剂成分。

在使用前，加氢催化剂中的活性金属成分将以氧化物形式分散在载体上。同时，前人研究表明：负载型金属氧化物催化剂活性较低，稳定性较差，只有经过预硫化处理，将金属氧化物转化为金属硫化物，才能使催化剂的活性和稳定性提高[105]。原料油中的硫化物虽可在加氢过程中将催化剂的氧化态活性组分转变为硫化态，但原料油的硫化物浓度较低，不能使催化剂完全硫化，致使部分金属氧化物被还原而失去催化活性，故要对加氢催化剂进行预硫化处理，提升催化剂的性能[106]。

③ 施引文献的引用内容分析

该项发明成果生产预硫化剂 RS 的方法，不仅在论文引言、研究方法处得到引用，同时在研究结果和研究讨论处有一定的引用。也就是说，这项专利不仅为后人的科学研究提供了方法借鉴和参考，同时结合该项专利在论文中的引用位置和引用内容分析，发现这项专利技术已成为国内预硫化剂 RS 商业化生产的借鉴方法，也是其他技术方案的实验比较方法。

首次工业生产的预硫化剂 RS-1（S）于 2003 年 6 月在长炼 500 kt/a 低压组合床重整装置的预加氢部分应用。结果表明，在原料较差、操作条件相对缓和的条件下（反应温度为 280 ℃，比使用 RS-1 催化剂时低 10 ℃），使用 RS-1（S）催化剂可生产出符合重整进料要求的精制石脑油[107]。

2004 年 4 月，预硫化剂 RN-10B（S）在石家庄炼油厂 1 Mt/a 柴油加氢装置应用成功，催化剂活化过程 12 小时。结果表明，RN-10B（S）催化剂对生产低硫柴油，甚至超低硫柴油有很好的灵活性，其各方面的性能要优于装置设计值，完全能满足生产及产品的市场要求[108]。

2004 年 5 月，预硫化剂 RSS-1A（S）和 RGO-1（S）在中国石油化工股份有限公司北京燕山分公司 800kt/a 航煤加氢工业装置上应用成功，整个活化时间为 14 小时左右，产品各项指标均达到 3# 航煤标准，且开车一次成功[109]。

三、本节小结

通过本项目的深入研究，我们发现零被引的定义可能存在一定的局限，即只考察同类数据库中的引用情况。若将基于某类数据库的零被引文献看成价值较低的文献，就像根据一个人某方面的不佳表现就否定这个人的整体表现一样不合理。

"零被引专利"在专利数据库中的被引次数为零，而在科技论文中是高被引，则可以认为是"放错地方的资源"。这里详细分析了"零被引专利" CN01134280.3 的技术内容，并抽取了它们的 10 篇施引文献，进而从研究内容的角度采用词云图谱的方式，展示了"零被引专利"的学术影响，体现在硫化、催化剂、加氢、脱硫等研究主题。

最后结合文献调研，发现"零被引专利" CN01134280.3 涉及的技术成果，不单有科学影响，同时在商业化应用中也有影响，并在石家庄炼油厂、中国石油化工股份有限公司北京燕山分公司等得到了产业化。

由图 5-23 可见，在钱学森的技术科学理论[110]和现代科学技术体系[111]的思想中，"基础科学-技术科学-工程科学"是重要的组成部分，其抽象性、普遍性渐次减弱，而实践性、应用性逐渐增强，且前者是后者的理论基础，后者确是前者的具体应用[112]。另外，在科学计量学中，论文表征着基础科学，专利体现着工程科学，那么该如何寻找"技术科学"的表征呢？

这里通过分析，我们暂且认为"零被引专利"表征的工程科学价值或质量较差，但是有着较高科技论文引用次数的"零被引专利"却可能体现了它的技术科学影响，亦可以用这样的专利表征技术科学。以此类推，有着较高专利引用次数的"零被引专利"亦可能用于体现技术科学。同时，科学计量学家 van Raan 最新的研究发现[4, 75]：睡美人论文——长期不受注意（睡眠）、后来几乎是突然地受到很多关注（被王子唤醒）的论文被专利引用的次数要比"普通"论文被专利引用的次数更多[113]。

第五章 论文引用专利视角下的技术对科学的影响

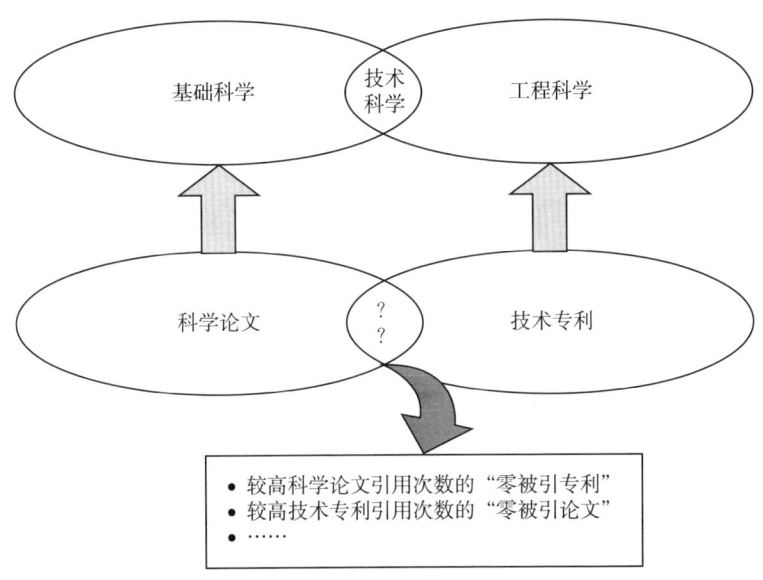

图 5-23 "基础科学-技术科学-工程科学"及其可能的表征

这也进一步佐证司托克斯所提到的"基础研究与应用研究"二者间的动态的互动模式[114]，即：纯基础研究与纯应用研究是各自沿着自己的轨道发展的，而带有应用目的的基础研究是连接上述两个轨道的枢纽。同时通过本节的研究，还可以补充另一个角度的"基础研究与应用研究"间的作用模式，亦即：纯基础研究与纯应用研究是各自沿着自己的轨道发展的，而带有基础科学特性的应用研究也是有效联结上述两个轨道的枢纽。尤其是那些技术应用特性不显著但却有较强的基础研究属性的应用研究（即本文所研究的"零被引专利"），或者是那些科学研究属性不显著但却有着较强应用研究价值的基础研究（即本文所说的"零被引论文"），我们将这两类研究统称为"蒙面英雄（masked heroes）"（类比于零被引研究中的"睡美人"现象），更值得广大研究人员关注，这可能是"颠覆性技术"的一种征兆[115]。

197

第六章

参考文献中的中国专利引文不规范分析及解决建议

据世界知识产权局的报告,专利是世界上最大的技术信息源,其涵盖了全球 R&D 产出的 90% 以上,其中约有 70% 的发明成果从未在其他非专利文献上出现[116]。同时,根据该报告第五章第二节的统计分析,2009—2012 年,专利引文以年均 5.72% 的增长率增长,到 2012 年共引用了 24 103 次专利。

尽管专利文献在参考文献中引用得愈来愈频繁,甚至在部分学科或者期刊中占据着较高的引用率,如在化工学科的技术影响力(技术影响力,论文引用技术专利数量/引文总量)高达 3.97%,其中期刊《精细化工中间体》的技术影响力为 14.34%、《现代农药》的技术影响力为 12.47% 等;但是,根据 CSTPCD 数据库的统计,参考文献中的中国专利引文存在诸多的问题,需要期刊界,尤其是期刊编辑的关注和重视[117-119]。

中国国家标准化管理委员会发布的最新的参考文献著录规则 GB/T 7714—2015,是在 1987 年 GB/T 7714—1987 和 2005 年的 GB/T 7714—2005 的基础上,对论文中参考文献著录规则的最新标准规范。同时,结合期刊《分析化学》《光学学报》《海洋学报》《铁道学报》《中华系列杂志》《生物工程学报》等投稿指南中对论文参考文献著录格式的要求,发现参考文献中中国专利的著录,都需要专利所有者、专利题名、专利国别、专利号、专利出版日期等项。

结合本项目的研究,发现:无论是论文数据库中引用的专利文献,还是专利数据库中引用的论文文献等,都存在诸多引文不规范现象,亟待规范化

第六章 参考文献中的中国专利引文不规范分析及解决建议

处理。否则,在明晰具体科学对技术进步的贡献,还是技术对科学发展的影响等方面,面临着无数据佐证、无指标可计算的问题。

本章以中国科技论文与引文数据库中的专利引文为例,就中国专利引文的不规范引用,甚至错误引用进行归纳。

第一节 中国专利引文的引用不规范分类

一、专利所有者的相关不规范

专利所有者,指的应该是专利权的所有人。在《中华人民共和国专利法(2008修正)》中明确规定[120]:职务发明创造申请专利的权利属于单位,故专利申请被批准后,该单位为专利权人。非职务发明创造,申请专利的权利属于发明人或者设计人,故专利申请被批准后,该发明人或者设计人为专利权人。

1. 引用时,职务发明和非职务发明不区分

在中国的专利引文中,施引作者对引用专利认识不足,尤其是对引用的专利是属于职务发明还是非职务发明没有概念。故而,大量的职务发明被引用时,都采用了发明人作为专利所有者,而没有使用正确的专利权人作为施引对象。

2012年,申请号为CN200810116198.4的发明专利在CSTPCD中共被引用了4次,分别是被期刊《化学研究与应用》《精细化工中间体》《化学试剂》《合成化学》所引用。在这里,施引作者都采用了专利的第一发明人或第一和第二发明人作为专利所有者进行了引用,见表6-1。

表6-1 以"申请号CN200810116198.4"的专利被引为例

被引专利主要信息	申请号：CN200810116198.4 公开号：CN101333213A 发明名称：1-取代吡啶基-吡唑酰胺类化合物及其应用 专利权人：中国中化集团公司；沈阳化工研究院 发明人：李斌；杨辉斌；王军锋；于海波；张弘；李志念； 申请日：2008.07.07 公开日：2008.12.31
标准的引用格式	［序号］中国中化集团公司，沈阳化工研究院.1-取代吡啶基-吡唑酰胺类化合物及其应用：中国，200810116198.4［P］.2008.12.31.
期刊中的不当引用	［20］李斌，杨辉斌.1-取代吡啶基-吡唑酰胺类化合物及其应用［P］.CN：101333213，2008-07-07. ［7］李斌.1-取代吡啶基-吡唑酰胺类化合物及其应用：中国，101333213［P］.2008-12-31. ［16］李斌，杨文辉.1-取代吡啶基-吡唑酰胺类化合物及其应用：中国专利，101333213［P］.2008-12-31. ［20］李斌，杨辉斌.1-取代吡啶基-吡唑酰胺类化合物及其应用［P］.CN 101 333 213，2008.

（*标准的引用格式，指的是根据专利的被引时间2012年，以及施引期刊的要求，其标准的引用格式应该符合2005年的GB/T 7714—2005。）

2.外国发明人的姓名，拼写混乱

2012年，申请号为CN97121473.5的专利在CSTPCD中被引用了4次，主要是期刊《精细化工》《印染助剂》《印染》，其中，按照国家知识产权局专利公开信息所显示的发明人应该是P·詹克纳、A·J·弗林斯、M·霍恩、J·蒙凯维奇和B·斯坦奇，但是施引作者在参考文献中使用的发明人，却有詹克钠P、P詹克纳、Jakena等多类写法，见表6-2。

第六章 参考文献中的中国专利引文不规范分析及解决建议

表6-2 以"申请号CN97121473.5"的专利被引为例

被引专利主要信息	申请号：CN97121473.5 公开号：CN1180706A 发明名称：带有氟烷基基团的有机硅化合物的制备方法及其用途 专利权人：希尔斯股份公司 发明人：P·詹克纳；A·J·弗林斯；M·霍恩；J·蒙凯维奇；B·斯坦奇 申请日：1997.10.23 公开日：1998.05.06
标准的引用格式	[序号] 希尔斯股份公司. 带有氟烷基基团的有机硅化合物的制备方法及其用途：中国，97121473.5[P].1998.05.06.

二、专利题名的相关不规范引用

专利题名，即专利的名称，是专利申请时必须要填写的内容，体现了专利的主题和类型，同时还不得使用人名、地名、商标或者商品名称等含义不清的词汇[121]。在涉及发明的技术领域时，该文件的名称必须是发明直接所属或者直接应用的技术领域，而不是发明所属或者应用的广义技术领域或者相邻的技术领域。

1. 专利被引用时，不填写专利题名

2012年，CSTPCD数据库中共有24 103篇专利引文。其中，中国专利有11 457项，占总量的47.53%；而没有专利题名的中国专利引文有253项，占被引中国专利的2.21%。其中，《催化学报》《高分子通报》《高分子学报》《稀有金属材料与工程》《有机化学》等刊物都有这类不规范引用。

2. 专利题名和专利所有者、专利号不匹配

2012年，269项中国专利的专利题名和专利所有者或专利号不匹配，占所有中国专利引文总量的2.35%。

在专利引文中，专利所有者、专利题名和专利号等3个要素在确定具体专利方面具有重要的作用。在这一类错误类型中，主要有专利所有者、专利题名和专利号不匹配，专利所有者、专利题名和专利号不匹配，专利所有者、专利号和专利题名不匹配等3类错误，见表6-3。

论文专利互引下的科学和技术之间的联系研究

表6-3 专利题名和专利所有者、专利号不匹配的案例

错误类型	错误的中国专利引文	正确的中国专利引文
专利所有者、专利题名和专利号不匹配	[10]袁山.低爆速无梯混合炸药及制法[P].中国专利,1082586.1994-2-23.	[10]袁山.低爆速无梯混合炸药及制法:中国,1082526[P].1994-2-23.
专利所有者、专利题名和专利号不匹配	[2]申勇峰,邱从怀,薛文颖,等.一种超高强度超高韧性热轧钢板材料及其制备方法:中国,09529.5[P].2011-10-04.	[2]申勇峰,邱从怀,薛文颖,等.一种具有超高强度超高韧性钢板及其制备方法:中国,201110409529.5[P].2011-12-12.
专利所有者、专利号和专利题名不匹配	[1]郭崇志.一种管壳式预应力换热器的设计制造方法[P].中国:00114032,2000.	[1]郭崇志.一种预应力管壳式换热器及其制造方法:中国,00114032[P].2000-1-21.

3. 不属于专利的文献类型,标注为专利

在这类错误中,施引作者常将一些软件、方法、系统等标注为专利引文,进行引用,如:"[13]北京市农林科学院.郊区自然资源与社会经济信息管理平台系统2.0[P].中国:2010SR070202,2010-12-18。""[15]付祥钊,祝书丰,孙婵娟.居住建筑热工性能的整体测评方法[P].中国:G01N25/00.CN200810069266.6.2008.7.9。""[3]西安矿业学院.矿井通风救灾软件系统CFIRE:中国,CG2005001649[P/OL].[2012-04-12].http://ziliao.hzu.edu.cn/n319109.html。",等等。

4. 杜撰的专利引文

在错误的专利引文中,还有一部分专利引文是由施引作者杜撰出来的。

在专利数据库中,无论是通过发明人,还是专利题名,抑或是通过专利号进行检索,都无法获得对应的专利。如:"李峰,孔庆玉.可降解聚乙烯薄膜添加剂的研究:中国,03141264.5[P].2004-01-21。""徐永花,李崇俊,吴斌,等.四元共聚的聚丙烯腈碳纤维纺丝液及其制造方法.中国专利:CN200910124960.8.2009-10。""[11]张小明,魏日出.一种草甘膦母液浓缩及废水回用的新方法:中国,CN200910060078.1[P].2009-07-22。""[8]古辉,林道淼.C/C++类关系的可视化软件:中国,0265128[P].2011-01-12。",等等。

三、专利国别写法多种多样

尽管同样是中国专利被引用,但是在引文的"专利国别处",却有多种写法,如:中国、CN(根据WIPO标准确定的国别代码)、中国专利、中国发明专利、ZL("专利"汉语拼音的声母组合)、CNZL、中国发明专利号、中国实用新型专利、中国外观设计专利,等等,见表6-4。

表6-4 专利引文中专利国别的错误引用

错误引用案例	[14] 石渊正刚,森本浩司,福成笃,等.1-苯基吡唑化合物类及其药学应用:中国,97180548.2[P].1997-10-22.
	[1] 麦恩菲西P,格瑟尔L.(噁)二嗪衍生物:CN,1084171[P].1994-03-23.
	[9] 机械科学研究总院先进制造技术研究中心.1000 MW核电站汽轮机低压转子的锻造工艺[P].中国专利:ZL200810146679.X,2011-02-16.
	[2] 佐藤浩幸,小林史典,川上进盟,山根和行,天野嘉和,佐藤卓.中国发明专利,CN193211A.2007-03-14.
	[16] 张雪梅,袁涛,张珂,等.白细胞介素-6聚乙二醇结合物及其制备方法和应用[P].CNZL 200680013336.5.
	[6] 张凤山,潘建东,张素英等.8~14μm线性渐变滤光器[P].实用新型专利:ZL95244913.7,1996

鉴于专利号的写作中,一般会加上专利申请或授权的国家,如CN200810146679.X、CN200710062976.1等,故而建议在标准的专利引文中,可以将专利国别去掉,以免重复。这一点,《中州大学学报》编辑部的魏振枢、薛培军和吕志元也注意到了[122]。

尽管ZL开头的专利号,表示所引专利是已经授权并且处于有效期内的专利,而CN开头的专利号指的是专利的申请号[123,124],但是这样的信息,对于施引作者及专利引文而言,没有太多的意义。同时,对于期刊编辑而言,对参考文献中的专利一件一件核对授权与否,是一件耗时耗力的事情,且效果很差,故而建议去掉表征专利国别的CN、ZL、中国专利等。

四、专利号没有明确

一项专利从申请到公开再到授权,会出现专利申请号、专利公开号和专利授权号;甚至当一项专利在国外也进行了申请时,还存在专利优先权号。这样,在参考文献中的专利引文,存在专利申请号、专利公开号、专利授权号、专利优先权号等多种写法,见表6-5。

表6-5 专利号的各类引用案例

格式	论文中的专利引文格式	专利号类型
有关专利号的各类专利引文	[9] 机械科学研究总院先进制造技术研究中心.1000 MW核电站汽轮机低压转子的锻造工艺[P].中国专利:200810146679.X,2011-02-16.	专利申请号
	[7] 李斌.1-取代吡啶基-吡唑酰胺类化合物及其应用:中国,101333213[P].2008-12-31.	专利公开号
	[7] 赵珍义.盘旋通道式比色皿:中国,996197[P],ZL200720010132.8,2008-08-13.	专利授权号
	[2] Lu T J, Chen C Q, Zhang Q c, et al. Fabrication of Work-Harden-ed X-Type Lattice Sandwich Panel: China, CN200810231703.X[P].2009-03-18.	专利优先权号

五、专利出版日期没有限定

相对于多种专利号的存在,每一种专利号的公布,对应的会存在一个时间,即专利出版日期,也包括有专利申请日期、专利公开日期、专利授权日期和专利优先权日期等。故而,在专利引文中,也存在上面所说的4类专利出版日期,见表6-6。

第六章　参考文献中的中国专利引文不规范分析及解决建议

表6-6　关于专利出版日期的各类专利引文案例

格式	论文中的专利引文格式	类型
有关专利出版日期的各类专利引文	[9]戴永胜,郭玉红,叶仲华,等.L波段低损耗高抑制微型带通滤波器[P].中国专利:200910184020.8,2009-08-11.	专利申请日
	[7]热拉尔里歇.L-蛋氨酸的制备方法:中国,101082054A[P].2007-12-05.	专利公开日
	[7]赵珍义.盘旋通道式比色皿:中国,996197[P],ZL200720010132.8,2008-08-13.	专利授权日
	[10]杨满寿.一种鹿仙保健酒及其制造方法[P].中国专利CN1180741A,1997-11-27.	专利优先权日

六、其他类型

除此之外，还有一部分作者对专利的引用，乱标一气。专利所有者、专利题名、专利国别、专利号、专利出版日期等无法匹配，同时，也有大量的专利或者缺少题名，或者缺少专利号，等等。

此外，部分研究人员对标准、软件、系统等不区分，在参考文献的引用中，经常出现标准、软件、系统等被标注为专利加以引用。

第二节　各类专利引文不规范责任分析

值此深入实施国家知识产权战略，加快建设知识产权强国期间，专利的重要性越来越大，且其在科技进步中的作用也愈来愈关键。故而，应该明晰专利的引用格式，不仅符合国务院知识产权战略实施工作部际联席会议办公室要求的"严格保护知识产权、加强知识产权创造运用、深化知识产权领域改革等"，更是科研人员从"规范引用"这个小事做起，自我践行"严格保护知识产权"。

详细分析各类不规范引用，我们发现主要的责任在于参考文献著录规则的国家标准（GB/T 7714）存在表述不明确、期刊编辑部评审或校对不严格、论文作者写作不严谨等。

论文专利互引下的科学和技术之间的联系研究

在国家标准（GB/T 7714）方面，参考文献的著录规则没有明确专利国别、专利号、专利出版日期的标准著录格式，从而导致在专利号处，存在专利申请号、专利公开号、专利授权号、专利优先权号等各类写法。类似的不规范也在专利国别、专利出版日期处有体现。

至于期刊编辑部的责任，主要体现在专利所有者、专利题名等处的不规范著录，如：职务发明和非职务发明在著录"专利所有者"处是不同的，"专利题名和专利所有者、专利号不匹配"等错误。

在论文作者的写作不严谨方面，也主要体现在专利所有者、专利题名等处，尤其在专利题名处较为严重，如："专利被引用时，不填写专利题名""专利题名和专利所有者、专利号不匹配""不属于专利的文献类型，标注为专利""杜撰的专利引文"，等等。

第三节 中国专利引文的引用格式建议

专利类似于论文，都属于科学技术进步中的知识成果，且在著录项方面有很多相同点，例如：专利申请/论文投稿、专利申请号/论文稿件编号、专利申请时间/论文投稿时间、发明人/作者、专利权人/机构、IPC 分类代码/学科分类等。故而，可以借鉴成熟的论文引用标准，明确授权专利才可以在参考文献中予以引用。毕竟，专利申请类似于论文投稿，专利授权等同于论文录用刊出，而未被授权的专利类似于被拒用的稿件，也不会得到国家知识产权机构的保护。此外，专利的授权率很低，甚至美国的专利平均授权率也仅53%[125]。

所以，建议中国专利引文采用这样的格式："发明人.专利名称[P].授权号.专利授权日."。之所以选择发明人，而不是专利权人，是基于下面的考虑：事业是由人来干的，而人才是创新的核心要素。此外，习近平主席也指出："人是科技创新最关键的因素。创新的事业呼唤创新的人才。我国要在科技创新方面走在世界前列，必须在创新实践中发现人才、在创新活动中培育人才、在创新事业中凝聚人才。"同时，也避免增加研究人员负担，即引用专利时要详细分析专利类型，到底是职务发明还是非职务发明。

第六章 参考文献中的中国专利引文不规范分析及解决建议

另外，专利名称类似于论文的标题，而授权号和专利授权日期则等同于期刊名称、发表年、卷、期和页码。包含发明人、专利名称、授权号、授权日等的著录格式，完全可以明确定位到具体的专利。

此外，需要说明一点：目前国外科技期刊，在引用专利文献的时候，也没有固定的标准，存在多种格式。如："第一发明人.（专利公开年）.专利公开号.[126]""发明人.（专利公开年）.专利名称.网址.[127]""发明人.专利名称.（专利公开年）.专利公开号.[128]"等各类格式。在专利文献中，专利的引用格式也有多种，如：美国专利局中，专利的引用格式是"专利公开号.公开年月.发明人.[129]"；欧洲专利局中，专利的引用格式是"专利公开号（专利类型）.[130]"，等等。

最后，针对国外优先权专利的引用，建议直接采用原专利申请语言进行引用，如："ANDRE B., COSTER D., IULIIS D., etc. Media device［P］. USD542808S, 2007.05.15.""井上真，佐々木徹，中村隆俊，等. ユーザ端末およびコンテンツ探索呈示方法［P］. JP4207012B2, 2009.01.14"，等等。

第七章

总结、展望与建议

第一节 总 结

一、技术进步中,科学的影响和贡献

1. 国家层面

综合平均非专利文献数量、平均科学关联度和最大后向引文量3个指标来看,技术的发展,越来越依赖于前人的科研成果。诚如牛顿所言,"如果说我比别人看得更远些,那是因为我站在了巨人的肩上。"

若将每一篇引文,比作一项研究成果,则中国在2010年的一些技术成果,平均引用了201项研究成果;而到了2019年,引用技术成果达到了822项。其间,美国的技术成果引用了7831项成果,也就意味着,一件技术发明是站在了7831个"巨人的肩膀上"(暂不区分同一发明人的成果)。从这个角度而言,中国的技术成果,还需要站在更多的"巨人的肩膀上",先达到日本和德国的水平,再达到美国的水平。

科学关联度指标体现了技术进步中科学对技术的贡献。从这个视角来比较中国、日本、德国和美国,美国的基础研究对其技术进步贡献趋于稳定,其贡献率约为0.16;而中国近10年来基础研究对技术进步的贡献在持续增加,2014—2018年的贡献率大于0.12,甚至要高于日本的贡献率,逼近德国的基础研究对技术进步的贡献率。

平均非专利文献数量体现的是具体每项技术获得成功时,参考了多少前人的基础研究成果。尽管2010—2019年,中国的技术成果大量吸收了前人的基

第七章 总结、展望与建议

础研究成果,甚至达到每项技术引用3项基础研究成果,但是相较于日本和德国的5项左右,依然较低。美国的每项技术成果,更是引用了多达15项基础研究成果。

从上述平均科学关联度和平均非专利文献数量指标来看,美国的技术发明距离基础研究更近,意味着美国的基础研究成果可以更多更快地获得技术转化应用,这也可能是美国技术更加先进的一个原因。另外,美国的技术发明,比其他国家参考借鉴了更多前人的科研成果,这也可能是美国技术先进的一个原因,毕竟是"集大成者"。

2. 高技术行业层面

如果将苹果、高通、脸书和谷歌划定为美国的高技术行业,同时将华为、京东方、华星和腾讯界定为中国的高技术行业的话,综合平均非专利文献数量、平均科学关联度和最大后向引文量3个指标来看,美国高技术行业的科学贡献还是要远远超过中国的高技术行业。

在平均非专利文献数量方面,美国的高技术行业具有显著优势,即使最低的高通,其值也要超过中国最高的华为。不过华为的进步很明显,也是最为接近美国的中国企业,甚至部分年度的平均非专利文献数量是逼近或超过美国的一些企业。

在平均科学关联度方面,中国的高技术行业是极为优秀的。华为的值一枝独秀,要超过美国的高技术行业表现;甚至京东方和腾讯的值,也仅是略低于美国高技术行业中的高通和谷歌,而要优于美国的苹果和脸书。进一步细分分析,可能是在于美国的高技术行业都趋于平稳发展,而中国的京东方和腾讯则处于后发阶段。

在最大后向非专利引文量方面,美国的高技术行业远远超过了中国高技术行业的表现。相较于美国高技术行业的最大后向非专利引文量一般都是几百,甚至部分高达1000多而言,中国高技术行业还是处于不足100的阶段。其中,即使中国的华为,在2010—2019年也只有6年超过100。

对比平均科学关联度,中国的高技术行业在技术的发展中已经越来越意识到科学进步的影响,深刻关注科学的进步并尽快将其应用于技术的开发和完善中。其中，华为已经有较为成熟的"科学→技术"转化模式，而京东方和腾讯还处于摸索或进一步掌握"科学→技术"的转化模式阶段。对比平均非专利文献数量和最大后向非专利引文量来看，美国的高技术行业一直有深厚、丰富的"科学供给"，已经有成熟的"先进科学→前沿技术"转化模式；而我国的高技术行业发展，还缺少"先进科学"的供给，其中仅有华为有较好的积累。

3. 企业层面

从科学知识客体角度来看，华为和苹果的科学知识都主要是来自于科学论文和会议论文，其中前者的占比约都为75%左右，而后者的占比都在25%左右；从期刊视角来看，华为和苹果的科学知识都主要是来自于 *IEEE* 系列期刊；在研究方向方面，华为和苹果的科学知识都主要是来自于 Engineering、Telecommunications 和 Computer Science，且都是 Engineering 最多；在学科分类方面，华为和苹果的 Engineering Electrical Electronic 都是最多，且华为在该学科方面的论文量约占到总的 68.25%，苹果则为 36.94%；在基金项目方面，华为和苹果的科学知识都主要是美国的科研项目资助的，其中华为主要是源于美国 NSF 和中国 NSFC 资助的项目，而苹果则是源于美国 United States Department of Health Human Services 和美国 NIH 相关资助。

从科学知识主体角度来看，华为和苹果的科学知识都主要是来自于美国作者的发文，都大概占到总量的 50% 左右；从研究机构来看，华为和苹果的科学知识都主要是来自于美国加州大学的发文，以及美国一些企业的发文，如美国电话电报公司、微软公司等，其中，华为公司自己的科学成果，也是其重要的科学知识来源。

二、科学发展中，技术的影响或贡献

1. WoS 收录的全球科学论文角度

以 WoS 数据库中收录的科学论文为例，以这些论文引用的技术专利进行分析。

第七章　总结、展望与建议

在众多的国家专利局中,美国专利局的一些专利相对而言对科学进步影响更广,也影响更大一些。美国共计有 23 119 项专利被 46 622 篇文献引用,项均被引次数为 2.02 次。其后,世界知识产权组织的专利影响也较大,1993 项专利被 41 890 篇文献引用,项均被引次数为 1.88 次。另外,欧盟的专利影响也较广,8314 项专利被 14 809 篇文献引用,项均被引次数为 1.78 次。

其次,在对专利的施引文献进行深度分析的时候,有两个发现:①专利的施引文献有 60% 以上可能是学位论文,尤其是在 CNKI 中进一步验证发现,专利被中国文献引用的话,这个比例更高。②专利技术对科学领域影响较大的领域,主要是生物、材料、化学等方面。

2. 中国科技论文与引文数据库(CSTPCD)收录的中国科学论文角度

首先,我国科学的技术关联度为 0.33%。通过统计分析 2009—2012 年的中国科技论文,我们发现,我国的科技论文主要引用的参考文献类型为期刊论文、学术书籍、学位论文、科技报告、技术专利等。

其次,引用专利较多的学科是化工。我国不同学科引用的专利数量或者专利比例差距很大。其中,引用专利比例最高的学科是化工、轻工与纺织等,而引用专利比例最低的学科则是管理、数学、天文学等。

再次,我国的科技论文引用的专利主要来自于美国和中国,不过前者要大于中国的被引专利量,而被引次数最多的单项专利也是来自于美国。

最后,通过分析,我们发现,技术专利自申请后的 2—4 年内,是最容易被科学界所认可,并加以引用的。

在我国的科技论文中,大部分论文并不引用专利。至于引用专利的学术论文,有 73.08% 的论文的技术关联度值不足 20%,不过有 0.36% 的学术论文的技术关联值在 100%。

3. 化学学科中的睡美人论文角度

以 *ANGEW*、*JACS*、*ANAL CHEM* 和 *JOC* 这 4 本期刊数据为基础,应用无参数识别指标 Bcp 指数和参数识别标准四分位数相结合,建立睡美人论文集,从文献发表–专利引用时滞、专利引用–文献唤醒时滞等维度对睡美人文献的唤醒特征进行测度。

论文专利互引下的科学和技术之间的联系研究

首先,具有技术属性的睡美人文献在发表后首次被专利引用时间越来越短。20世纪90年代以来,睡美人论文一旦被专利所引用,唤醒速度便逐渐加快。

其次,睡美人论文越来越早被技术王子而非科学王子唤醒。睡美人论文的唤醒无论是否存在专利引用影响,均受现代信息技术的影响,以及网络技术和电子阅读终端发展的影响,其沉睡时长正逐渐缩短。此外,被专利引用过的睡美人论文沉睡时长缩短尤为显著。

再次,睡美人论文的技术属性若未优先得到关注,其技术潜力将很快出现下降。首次专利引用发生在苏醒期间的睡美人论文被专利引用的频次远不及发生在沉睡期间的睡美人论文,但科学论文对其引用频次骤增。有理由认为,兼具科学与技术属性的睡美人论文若未得到技术领域的优先青睐,论文所蕴含相关技术的新颖性将出现下降,知识自科学向技术流动或扩散的效应显著降低;与此同时,论文受到科学界的认同,科学领域在此基础上进一步拓展产生新的发现。

最后,基于睡美人论文沉睡时长、睡眠深度、唤醒强度等5个参数指标探索专利引用对睡美人论文产生何种影响。结果表明,具有技术属性的睡美人论文沉睡时间更短,沉睡期被专利引用的睡美人论文在唤醒后更易在科学方面得到更广泛关注。同时,相较于无技术属性的睡美人论文,兼具有技术属性的睡美人论文会在科学方面产生更大的影响。

从情报学的角度推测,具有技术属性的变革性科学研究一旦为专利所引用,其技术变革潜力初现,知识将从科学流向技术,并激发科学领域更多的关注,进而推动知识从技术回归科学,对科学研究产生新的影响。

三、技术进步中,科学与技术间作用比较

我国著名科学计量学家赵红州认为,科学家的创造性思维,是将各类"知识元"极其巧妙地沿着一定的思路进一步重新组合,而任何一种科学创造过程,都是先把结晶的知识元游离出来,然后再在全新的思维势场上重新结晶的过程。这种过程不是简单的重复,而是在重组中产生全新的知识系统、全新的知识元[131-133]。

第七章　总结、展望与建议

刘则渊教授对知识元做出精炼的评述："在一定条件下，某个关键的知识元可能扮演'知识基因'的角色，决定着特定领域知识的进化与突变。这样，基于知识元的特定知识领域所构成的复杂自组织知识系统，就能够在可视化的知识图谱上展示知识的产生、传播和应用，知识的基础、中介和前沿，知识的结构、演化和重组，知识的涌现、断层和变革，等等。"[134,135]

结合本书的分析情况，表4-8、表4-11和表4-12中的聚类都可以看作知识元，扮演知识基因的角色。

首先，部分科学对先有技术起着重组的作用。如表4-12所示，表4-8中聚类7（移动无线电收发机）的加入，导致表4-11中聚类1（密钥更新方法和设备）、聚类3（移动性处理技术）、聚类5（互联网流量内容分发技术）、聚类9（信息传输的方法）和聚类10（唤醒接收器通信的方法）重新组合为一个新聚类1（信息传输的方法）。尽管表4-12中聚类1的名称和表4-11中的聚类名称相同，但是表4-12的内容却有较大变化，一方面新增了表4-11中的四大技术聚类，意味着原表4-11中聚类1、聚类3、聚类5、聚类9和聚类10间有较强的相关性；另一方面，原表4-11中的聚类9有更重要的价值。此外，增加了表4-8中基础科学研究聚类7，导致表4-11中聚类1、聚类3、聚类5、聚类9和聚类10重组为一个新的聚类，体现了基础科学研究聚类7的重要"重组"作用。

其次，部分科学研究对先有技术起着变革的作用。通过对比表4-11和表4-12中先有技术中不存在的聚类，由于科学研究的作用，导致新增部分聚类，如聚类7（密钥生成的方法及系统）、聚类9（信号发送装置和信号处理系统）、聚类11（多点传输的通信系统和方法）、聚类12（信息比特发送方法和系统），等。在表4-11中，原先一些不重要的、没有体现的聚类，之后通过增补共被引的基础科学研究内容，迅速凸显出来，充分体现了一些基础科学研究的变革作用。

再次，基础科学研究和应用技术研究的互相作用，会暴露出之前单一来源下无显示度的知识基础。以表4-12中聚类6为例，论文共被引网络聚类下的聚类761在原表4-8中根本没有体现，但是通过论文-专利混合共被引网络聚类却凸显了出来。

论文专利互引下的科学和技术之间的联系研究

最后，部分科学研究起着关键连接的桥梁作用。1篇Doi为"10.1109/VETECF.2007.393"的被引论文在表4-12的聚类6中出现了7次，然而其在论文共被引网络聚类分析（表4-8）中，根本没有体现，是因为该论文是专利引用的唯一论文，导致其与其他论文没有共被引关系，而在专利共被引网络中也没有体现，但是在论文-专利混合共被引网络聚类中却因为其多次关联了多项专利，而成为重要的桥梁。值得注意的一点是：该论文在WoS中的被引频次是0次。

第二节　展　　望

通过本项目的深入研究，我们发现零被引的定义可能存在一定的局限，即只考察同类数据库中的引用情况。若将基于某类数据库的零被引文献看成价值较低的文献，就像根据一个人某方面的不佳表现就否定这个人的整体表现一样不合理。

本书第五章第四节的分析，"零被引专利"在专利数据库中的被引次数为零，而在科技论文中是高被引，则可以认为是"放错地方的资源"。这里通过分析，我们暂且认为"零被引专利"表征的工程科学价值或质量较差，但是有着较高科技论文引用次数的"零被引专利"却可能体现了它的技术科学影响，亦可以用这样的专利表征技术科学。以此类推，有着较高专利引用次数的"零被引论文"亦可能用于体现技术科学。

这也进一步佐证司托克斯所提到的"基础研究与应用研究"二者间的动态的互动模式，即：纯基础研究与纯应用研究是各自沿着自己的轨道发展的，而带有应用目的的基础研究是连接上述两个轨道的枢纽。

同时还可以补充另一个角度的"基础研究与应用研究"间的作用模式，亦即：纯基础研究与纯应用研究是各自沿着自己的轨道发展的，而带有基础科学特性的应用研究也是有效联结上述两个轨道的枢纽。尤其是那些技术应用特性不显著但却有较强的基础研究属性的应用研究（即本文所研究的"零被引专利"），或者是那些科学研究属性不显著但却有着较强应用研究价值的基础研究（即本文所说的"零被引论文"），我们将这两类研究统称为"蒙面英雄（masked heroes)"（类比于零被引研究中的"睡美人"现象），更值得广大研究人员关注，这可能是"颠覆性技术"的一种征兆。

第三节 建 议

一、专利引用的规范性亟待加强

尽管专利并不是科技论文的主要引文类型，但是不同学科、不同期刊的差异很大。若研究化工、轻工与纺织、能源科学技术、材料科学、化学等学科，专利作为一种重要的知识来源，应该得到学科内研究人员的广泛关注，其中尤以化工为甚。

在科学技术迅猛发展的今天，专利作为创新的重要体现具有显著的影响。不过，在科学界，我国科研人员对其的关注还远远不够，这一点从学术论文对专利的引用规范程度可见一斑。

此外，我国科技论文引用的专利分布较广，有美国的、日本的、欧洲的、俄罗斯的等，甚至还有苏联的，同时专利的引文格式也有多种，故而在数据清洗方面需要加大力度，提高专利引文的规范程度。

最后，被引专利的语言有多种，需要进一步完善。由于被引专利来源于多个国家，故而专利的写作语言就存在多种，这需要研究人员进一步清洗。

二、建议中国专利引文标准更改为："发明人．专利名称［P］．授权号．专利授权日．"

专利类似于论文，都属于科学技术进步中的知识成果，且在著录项方面有很多相同点，例如：专利申请/论文投稿、专利申请号/论文稿件编号、专利申请时间/论文投稿时间、发明人/作者、专利权人/机构、IPC分类代码/学科分类等。故而，可以借鉴成熟的论文引用标准，明确授权专利才可以在参考文献中予以引用。毕竟专利申请类似于论文投稿，专利授权等同于论文录用刊出，而未被授权的专利类似于被拒用的稿件，也不会得到国家知识产权机构的保护。

所以，建议中国专利引文采用这样的格式："发明人．专利名称［P］．授权号．专利授权日．"。之所以选择发明人，而不是专利权人，是基于下面的考虑：事业是由人来干的，而人才则是创新的核心要素。

三、尽快拆除"基础科学–技术科学"数据库间的"篱笆墙"

目前，无论是国外知名的科学论文数据库，如 WoS、Scopus 等，还是国内著名的科学论文数据库，如 CSCD、CSTPCD、CNKI 等，抑或是国外的专利数据库，如 Derwent Innovation、Innography，或者国家级专利数据库，如 USPTO、EPO、WIPO 等，或者国内专利数据库，如智慧芽、大为等，都属于专门的论文数据库或者专利数据库，即使有引文库，也都是论文引文库，或者专利引文库，而缺乏对应的论文引文库中专利库、专利引文库中论文库等。

在这方面，科睿维安公司在专利数据库 Derwent Innovation 中一直在尝试建设、补充、更新、完善对应的非专利引文，通过链接科睿维安公司旗下 WoS 中的论文，打通论文–专利之间的互引，进而定位国家层面的基础科学、技术科学的互相依赖程度。其中，那些有着较高论文引用的"零被引专利"和有着较高专利引用的"零被引论文"尤为值得关注，可能是埋在山洞里的宝藏，而不应该一直"珍珠蒙尘"，亟须"王子们"去解决"珍珠蒙尘暂无光，土中暗藏惊世妆"这个难题。

另外，党的十九届五中全会审议通过的《中共中央关于制定国民经济和社会发展第十四个五年规划和二〇三五年远景目标的建议》提出："构建国家科研论文和科技信息高端交流平台"。这是"强化国家战略科技力量"的 7 个要点之一，对于促进科研信息数据的高效开放共享和广泛传播利用，全面提升对科研活动的服务保障水平具有重要意义。

为此，建议在"国家科研论文和科技信息高端交流平台"中，增加一个"科研论文–技术专利"二者间的关联模块。一方面，科学与技术二者间的关联与日俱增，机械区分对待科学和技术不利于未来的创新；另一方面，也有利于我国从宏观层面实时监测科学和技术二者间的互动和影响，便于国家科技部门制定科技政策时更加有的放矢。

参考文献

[1] De Solla Price D J. Is technology historically independent of science? A study in statistical historiography [J]. Technology and Culture, 1965, 6 (4): 553–568.

[2] 雅科米. 技术史 [M]. 北京：北京大学出版社, 2000.

[3] 斯蒂格勒. 技术与时间 [M]. 南京：译林出版社, 2000.

[4] Van Raan A F J. Sleeping beauties cited in patents: is there also a dormitory of inventions? [J]. Scientomtrics, 2017, 110 (3): 1123–1156.

[5] 刘学明. 科学技术评价办法与评价工作指导全书 [M]. 合肥：安徽文化音像出版社, 2003.

[6] 刘大椿. 自然辩证法概论 [M]. 北京：中国人民大学出版社, 2008.

[7] 董英哲. 科学与技术的辩证统一 [J]. 西北大学学报（自然科学版）, 1987 (2): 116–124.

[8] 杨维平, 丁敏. 科学研究方法与实践 [M]. 西安：陕西师范大学出版社, 2013.

[9] Benne K D, Birnbaum M. Teaching and learning about science and social policy. [J]. Bulletin of Science Technology & Society, 1985, 5 (3): 130.

[10] Paul G. Representations of the relationship between science and technology in the curriculum [J]. Studies in Science Education, 1994, 24 (1): 1–28.

[11] Rae J B. Science and engineering in the history of aviation [J]. Technology and Culture, 1961, 2 (4): 391–399.

[12] Stover C F. The technological order. Proceedings of the encyclopaedia britannica conference [J]. The Journal of Higher Education, 1961, 16 (3): 597.

[13] 尼瓦尔·布什. 科学：无止境的前沿 [M]. 北京：科学技术文献出

版社，1985.

［14］Brandl J E，Lynn L E. Pasteur's quadrant：basic science and technological innovation［J］. Technology and Culture，1998，40（4）：390-392.

［15］刘则渊，陈悦. 新巴斯德象限：高科技政策的新范式［J］. 管理学报，2007，4（3）：346-353.

［16］陈红喜，姜春，袁瑜，等. 基于新巴斯德象限的新型研发机构科技成果转移转化模式研究：以江苏省产业技术研究院为例［J］. 科技进步与对策，2018，35（11）：10.

［17］张慧琴，王鑫，王旭，等. 超越巴斯德象限的基础研究动态演化模型及其实践内涵［J］. 中国工程科学，2021，23（4）：8.

［18］董坤，许海云，罗瑞，等. 科学与技术的关系分析研究综述［J］. 情报学报，2018，37（6）：642-652.

［19］张玲玲，张宇娥，杜丽. 基于期刊文献与专利文献的科学技术互关联研究方法对比分析［J］. 情报杂志，2017，36（7）：6.

［20］陈瑞真，丁文晴，金金，等. 基于科学-技术映射路线图的前沿科技互动模式识别与预测：以中药领域为例［J］. 情报杂志，2019，38（6）：8.

［21］A D P，D M，E. S W. Analysing the economic payoffs from basic research［J］. Economics of Innovation and New Technology，1992，2（1）：73-90.

［22］Mccalman P. Reaping What you sow：an empirical analysis of international patent harmonization［J］. Journal of international economic，2001，55（1）：161-186.

［23］武华维，罗瑞，许海云，等. 科学技术关联视角下的创新演化路径识别研究述评［J］. 情报理论与实践，2018，41（8）：7.

［24］王刚波，官建成. 纳米科学与技术之间的联系：基于学术型发明人的分析［J］. 中国软科学，2009（12）：9.

［25］Meyer M. Are patenting scientists the better scholars？ An exploratory comparison of inventor-authors with their non-inventing peers in nano-science and technology［J］. Research Policy，2006，35（10）：1646-1662.

［26］Bonaccorsi A，Thoma G. Institutional complementarity and inventive performance in nano science and technology [J]. Research Policy, 2007, 36 (6): 813-831.

[27] Boyack K W, Klavans R. Measuring science-technology interaction using rare inventor-author names [J]. Journal of Informetrics, 2008, 2: 173-182.

[28] 刘自强, 许海云, 罗瑞, 等. 基于主题关联分析的科技互动模式识别方法研究 [J]. 情报学报, 2019, 38 (10): 15.

[29] Callon M, Courtial J P, Laville F. Co-word analysis as a tool for describing the network of interactions between basic and technological research: the case of polymer chemsitry [J]. Scientometrics, 1991, 22 (1): 155-205.

[30] Verbeek A, Debackere K, Luwel M. Linking science to technology: using bibliographic references in patents to build linkage schemes [J]. Scientometrics, 2002, 54 (3): 399-420.

[31] 康宇航. 基于融合创新视角的异质性知识流动网络探测研究 [J]. 情报学报, 2016, 35 (9): 8.

[32] Kessler M M. Bibliographic coupling between scientific papers [J]. Journal of the Association for Information Science & Technology, 2014, 14 (1): 10-25.

[33] 宁子晨, 魏来. 专利主体视角下专利文献与学术论文关联关系发现研究: 以"数据挖掘"主题为例 [J]. 图书情报工作, 2020, 64 (12): 12.

[34] Ba Z, Liang Z. A novel approach to measuring science-technology linkage: from the perspective of knowledge network coupling [J]. Journal of Informetrics, 2021, 15 (3): 101167.

[35] Stolpe M. Determinants of knowledge diffusion as evidenced in patent data: the case of liquid crystal display technology [J]. Research Policy, 2002, 31 (7): 1181-1198.

[36] Park G, Park Y. On the measurement of patent stock as knowledge indicators [J]. Technological Forecasting and Social Change, 2006, 73 (7): 793-812.

[37] 高继平, 丁堃. 专利研究文献的可视化分析 [J]. 情报杂志, 2009,

28(7): 12-16.

[38] Hu D, Chen H, Huang Z, et al. Longitudinal study on patent citations to academic research articles in nanotechnology (1976-2004)[J]. Journal of Nanoparticle Research, 2007, 9(4): 529-542.

[39] Ribeiro L C, Ruiz R M, Bernardes A T, et al. Matrices of science and technology interactions and patterns of structured growth: implications for development [J]. Scientometrics, 2010, 83(1): 55-75.

[40] Chen C, Hicks D. Tracing knowledge diffusion[J]. Scientometrics, 2004, 59(2): 199-211.

[41] Narin F, Noma E. Is technology becoming science?[J]. Scientometrics, 1985, 7(3): 369-381.

[42] Narin F, Hamilton K S, Olivastro D. The increasing linkage between U.S. technology and public science[J]. Research Policy, 1997, 26(3): 317-330.

[43] Meyer M. Does science push technology? Patents citing scientific literature [J]. Research policy, 2000, 29(3): 409-434.

[44] Guan J, He Y. Patent-bibliometric analysis on the Chinese science—technology linkages[J]. Scientometrics, 2007, 72(3): 403-425.

[45] Li R, Chambers T, Ding Y, et al. Patent citation analysis: calculating science linkage based on citing motivation[J]. Journal of the Association for Information Science and Technology, 2014, 65(5): 1007-1017.

[46] 日本文部科学省. Annual report on the promotion of science and technology 2001[R]. 日本东京: 文部科学省, 2002.

[47] 赵志耘, 雷孝平. 我国生物科技领域技术创新与基础研究关联分析: 从专利引文分析的角度[J]. 情报学报, 2012, 31(12): 1283-1289.

[48] Glanzel W, Meyer M. Patents cited in the scientific literature: An exploratory study of 'reverse' citation relations[J]. Scientometrics, 2003, 58(2): 415-428.

[49] Meyer M, Debackere K, Glanzel W. Can applied science be 'good science'? Exploring the relationship between patent citations and citation impact in nanoscience [J].

Scientometrics, 2010, 85 (2): 527-539.

[50] Magerman T, Van Looy B, Debackere K. Does involvement in patenting jeopardize one's scientific footprint? An analysis of citation flows of patent-paper pairs in biotechnology [J]. Research Policy, 2015, 44 (9): 1702-1713.

[51] 吴菲菲, 黄鲁成, 石媛嫄. 基于文献和专利相互引用的科学与技术关系分析 [J]. 科学学与科学技术管理, 2013, 34 (10): 13-20.

[52] 杨祖国, 陈虹. 中国专利被《SCI》来源刊论文引用情况的统计与分析 [J]. 情报科学, 1999, 17 (4): 422-428.

[53] Gao J, Ding K, Teng L, et al. Hybrid documents co-citation analysis: a suggested method to analyze the interaction between science and technology in technology diffusion [Z]. Durban: 11th ISSI, 2011.

[54] Gao J P, Ding K, Teng L, et al. Hybrid documents co-citation analysis: making sense of the interaction between science and technology in technology diffusion [J]. Scientometrics, 2012, 93 (2): 459-471.

[55] 高继平, 丁堃, 滕立, 等. 专利-论文混合共被引分析法的实现及其应用: 以德温特专利数据库为例 [J]. 情报学报, 2012, 31 (3): 317-324.

[56] 高继平, 丁堃, 滕立, 等. 专利-论文混合共被引网络下的知识流动探析 [J]. 科学学研究, 2011, 29 (8): 1184-1189.

[57] 彭帅, 张春博, 杨阳, 等. 科学-技术-产业关联视角下石墨烯发展国际比较: 基于专利的计量研究 [J]. 中国科技论坛, 2019 (4): 181-188.

[58] 刘彤, 侯元元, 吴晨生. 多重关系专利网络分析方法在产业技术路线图的应用 [J]. 情报杂志, 2015 (3): 65-70, 76.

[59] 郭少聪. 肝病药物创新全链条的知识流动分析 [D]. 大连: 大连理工大学, 2019.

[60] 宓泽锋. 本地知识基础对中国燃料电池技术创新的影响 [D]. 上海: 华东师范大学, 2019.

[61] 郜梦蕊. 基于专利引文的人工智能领域科学-技术关联分析 [D]. 南京: 南京大学, 2019.

[62] 魏佳丽, 苏成, 高继平. 专利质量视角下的我国人工智能领域存在问

题的分析及对策[J].科技管理研究,2020,40(23):213-221.

[63]吴超云,张津.基于专利文献的镁合金腐蚀与防护技术的最新进展[J].中国有色金属学报(英文版),2011,21(4):892-902.

[64]曾接贤,张桂梅,储珺,等.霍夫变换在指数函数型曲线检测中的应用[J].中国图象图形学报:A辑,2005.

[65]唐林波,陶芬芳,赵保军,等.基于FPGA的实时整数霍夫变换[J].系统工程与电子技术,2012,34(3):4.

[66]赵家瑞.高效节能焊接技术的应用现状与发展趋势[J].焊接技术,1992(4):4.

[67]丁荣辉,黎文献,路彦军,等.搅拌摩擦焊接技术最新进展[J].轻合金加工技术,2005,33(2):5.

[68]谭忠,徐秀东,严立安,等.Ziegler-Natta型丙烯聚合催化剂内给电子体复配的研究进展[J].化工进展,2011,30(12):9.

[69]薛聪,胡影影,黄争鸣.静电纺丝原理研究进展[J].高分子通报,2009(6):38-47.

[70]李山山,何素文,胡祖明,等.静电纺丝的研究进展[J].合成纤维工业,2009(4):44-47.

[71]潘铁,柳卸林.市场规模、地域分工与跨国公司的研发独占性[J].科学学研究,2009,27(12):7.

[72]刘则渊.科学知识图谱:方法与应用[M].北京:人民出版社,2008.

[73]陈悦,刘则渊.悄然兴起的科学知识图谱[J].科学学研究,2005,23(2):6.

[74]陈超美.科学前沿图谱:知识可视化探索[M].北京:科学出版社,2014.

[75]Van Raan A F. Dormitory of physical and engineering sciences: sleeping beauties may be sleeping innovations.[J]. Plos One, 2015, 10(10): e139786.

[76]李贺,解梦凡,袁翠敏,等.用无参数指标Bcp识别睡美人文献及其作者动态h指数变化规律[J].中国图书馆学报,2018,44(6):75-89.

参考文献

［77］Kokol P, Vosner B H, Vermeulen J. Exploring an unknown territory "sleeping beauties" in the nursing research literature［J］. Nursing Research, 2017, 66（5）: 359-367.

［78］Huang T C, Hsu C, Ciou Z J. Systematic methodology for excavating sleeping beauty publications and their princes from medical and biological engineering studies［J］. Journal of Medical and Biological Engineering, 2015, 35（6）: 749-758.

［79］Wang J, Ma F, Chen M, et al. Why and how can "sleeping beauties" be awakened?［J］. Electronic Library, 2012, 30（1）: 5-18.

［80］曲建升,唐洁,曾静静.科学中的"睡美人"现象研究综述［J］.情报杂志,2020,39（12）:202-206.

［81］Van Raan A F J. Sleeping beauties in science［J］. Scientometrics, 2004, 59（3）: 467-472.

［82］杜建."睡美人"文献的识别方法与唤醒机制研究［D］.南京:南京大学,2017.

［83］Liang L, Rousseau R, Zhong Z. Uncited papers, uncited authors and uncited topics: a case study in library and information science［J］. Journal of Informetrics, 2015, 9（1）: 50-58.

［84］Hu Z, Wu Y. Regularity in the time-dependent distribution of the percentage of never-cited papers: an empirical pilot study based on the six journals［J］. Journal of Informetrics, 2014, 8（1）: 136-146.

［85］薛晓丽,武夷山.跨学科研究的文献计量及可视化分析［J］.情报杂志,2014（7）:122-127.

［86］Gopalakrishnan S, Bathrinarayanan A L, Tamizhchelvan M. Uncited publications in MEMS literature: a bibliometric study［J］. Desidoc Journal of Library & Information Technology, 2015, 35（2）: 113-123.

［87］Zhang J J, Guan J. Scientific relatedness and intellectual base: a citation analysis of un-cited and highly-cited papers in the solar energy field［J］. Entometrics, 2016, 110（1）: 1-22.

[88] Liang L, Zhong Z, Rousseau R. Scientists' referencing (mis) behavior revealed by the dissemination network of referencing errors [J]. Scientometrics, 2014, 101 (3): 1973-1986.

[89] 胡泽文, 武夷山, 袁军鹏. 零被引研究文献的知识图谱分析: 历史发展脉络、主体和高频主题 [J]. 情报科学, 2016 (3): 85-91.

[90] 郭永正. 非国际合作论文零被引率的中印比较 [J]. 图书与情报, 2015 (4): 90-95.

[91] 郭永正. 国际合作论文零被引率的中印比较 [J]. 情报杂志, 2014 (12): 89-93.

[92] 钟镇. 从高被引与零被引论文的引文结构差异看 Research Front 与 Research Frontier 的区别 [J]. 图书情报工作, 2015, 59 (8): 87-96.

[93] 王海燕, 马峥, 潘云涛, 等. 高被引论文与"睡美人"论文引用曲线及影响因素研究 [J]. 图书情报工作, 2015 (16): 83-89.

[94] 高继平, 潘云涛, 武夷山. 零被引论文的形成因素分析: 以光谱学领域零被引论文的国家、机构和主题分布为例 [J]. 科技导报, 2015 (8): 112-119.

[95] 张立伟, 姜春林. 编委学术表现与期刊质量的相关性探讨: 基于图书情报学期刊的文献计量研究 [J]. 中国科技期刊研究, 2014, 25 (9): 1121-1126.

[96] 陈广仁, 刘元珉. 重视科技论文引用率, 提高中国科技影响力 [J]. 科技导报, 2008, 26 (5): 96-97.

[97] 陈琼娣. 专利计量指标研究进展及层次分析 [J]. 图书情报工作, 2012, 56 (2): 99-103.

[98] Harhoff D, Vopel K. Citation frequency and the value of patented inventions [J]. Review of Economics & Statistics, 2006, 81 (3): 511-515.

[99] 高继平, 丁堃. 专利计量指标研究述评 [J]. 图书情报工作, 2011, 55 (20): 40-43.

[100] 中国国家标准化管理委员会. 信息与文献 参考文献著录规则 [S]. 北京: 全国文献工作标准化委员会, 2015.

［101］于守智，高晓冬，陈若雷.一种加氢催化剂的预硫化方法［P］.2003-05-07［2023-05-01］.CN00100400.X.

［102］于守智，高晓冬，陈若雷.一种加氢催化剂的预硫化方法［P］.2003-05-14［2023-05-01］.CN01134280.3.

［103］宋玲，马军.Internet个性化智能信息检索的分析与研究［J］.情报学报，2002，21（1）：33-37.

［104］林世雄.石油炼制工程：第三版［M］.北京：石油工业出版社，2000.

［105］龚建友.JT-4和JT-1G型加氢催化剂的预硫化［J］.工业催化，2003，11（3）：13-15.

［106］侯祥麟.中国炼油技术［M］.北京：中国石化出版社，2008.

［107］贺胜如，袁赞根，刘建平.加氢催化剂器外预硫化技术的工业应用［J］.石油炼制与化工，2004（8）：34-36.

［108］刘畅，祁兴国，马守波，等.加氢催化剂器外预硫化技术进展［J］.化学工程师，2006，20（1）：33-38.

［109］赵新强，于守智，高晓冬，等.加氢催化剂器外预硫化技术的开发应用［J］.石化技术，2005，12（2）：14-16.

［110］钱学森.论技术科学［J］.科学通报，1957，2（3）：290-300.

［111］钱学森.科学学、科学技术体系学、马克思主义哲学［J］.哲学研究，1979（1）：20-27.

［112］杨中楷，刘则渊，梁永霞.21世纪以来诺贝尔科学奖成果性质的技术科学趋向［J］.科学学研究，2016，34（1）：4-12.

［113］武夷山.专利文献对睡美人文献的引用［Z］.2017.

［114］司托克斯 D E.基础科学与技术创新［M］.北京：科学出版社，1999.

［115］杜建，武夷山.基于被引速率指标识别睡美人文献及其"王子"：以2014年诺贝尔化学奖得主Stefan Hell的睡美人文献为例［J］.情报学报，2015，34（5）：508-521.

［116］Liu C Y，Yang J.Decoding patent information using patent maps［J］.

Data Science Journal,2008,7:14-22.

［117］中国科学技术信息研究所.2014年度中国科技论文统计与分析［M］.北京:科技文献出版社,2016.

［118］中国科学技术信息研究所.2015年度中国科技论文统计与分析［M］.北京:科技文献出版社,2017.

［119］中国科学技术信息研究所.2016年度中国科技论文统计与分析［M］.北京:科技文献出版社,2018.

［120］中华人民共和国国家知识产权局.中华人民共和国专利法(2008修正)［M］.北京:知识产权出版社,2008.

［121］骆云中,陈蔚杰,徐晓琳.专利情报分析与利用［M］.上海:华东理工大学出版社,2007.

［122］魏振枢,薛培军,吕志元.专利文献在文后参考文献中著录规则的探讨［J］.中国科技期刊研究,2008(2):296-297.

［123］王小寒,冷怀明.科技期刊编辑中涉及专利内容的规范化问题［J］.编辑学报,2013(4):337-339.

［124］中华人民共和国国家知识产权局.专利文献种类标识代码标准:ZC 0008-2004［S］.北京,2004.

［125］佘力焓,朱雪忠.专利国际申请的费用及其控制策略研究:基于专利审查高速路的研究视角［J］.情报杂志,2014(10):90-95.

［126］Daly S M,Joyner J A,Triplett K D,et al.VLP-based vaccine induces immune control of Staphylococcus aureus virulence regulation［J］.Scientific Reports,2017,7(1):637.

［127］Milošević M,~ivić N,Andjelković I.Early churn prediction with personalized targeting in mobile social games［J］.Expert Systems with Applications,2017,83:326-332.

［128］Kauss T,Marchivie M,Phoeung T,et al.Preformulation studies of ceftriaxone for pediatric non-parenteral administration as an alternative to existing injectable formulations［J］.European Journal of Pharmaceutical Sciences,2017,104(15):382-392.

[129] Hardy C J, Mckinnon G C. Low-noise magnetic resonance imaging using low harmonic pulse sequences [P]. US13629636, 2012.09.28.

[130] Börnert P, Schäffter T, Kuhn M H. Method and device for imaging a curved portion of a body by means of magnetic resonance [P]. 1997-07-09 [2023-05-01]. EP0782711.

[131] 赵红州,唐敬年. 知识单元的静智荷及其在荷空间的表示问题 [J]. 科学学与科学技术管理, 1990, 11 (1): 37-41.

[132] 赵红州,唐敬年,蒋国华,等. 物理定律的知识熵表示问题 [J]. 自然辩证法研究, 1991 (8): 14-22.

[133] 赵红洲,蒋国华. 知识单元与指数规律 [J]. 科学学与科学技术管理, 1984, 1 (9): 39-41.

[134] 刘则渊. 用科学知识图谱预测学科前沿趋势 [N]. 科技日报.

[135] 刘则渊. 知识图谱与知识计量的思考 [R]. 大连:大连理工大学 WISE Lab, 2010.